U0163209

中轴 THE CENTRAL AXIS OF BEIJING

帝都绘工作室 著

北京联合出版公司
Beijing United Publishing Co.,Ltd.

推荐序

大家知道，北京中轴线申遗已经提上了日程，那么北京中轴线是什么？或许对许多人，甚至对长期居住在北京的人来说，都是一个不甚了了的问题。也许有人会说北京中轴线是十几处建筑、建筑群，有人以为中轴线就是中轴路。要解释什么是北京中轴线，可以有许多不同的角度，不同的着眼点，不同的看法。现在，帝都绘工作室用图解的形式对北京中轴线给出了他们的解读。

“中轴线”是人们在日常生活中经常遇到，并且会不自觉地采用的布局方法。当人们要同时摆放几件物品的时候，会首先选择确立最重要的位置，这个位置往往就是中心，自上至下贯穿中心的就是中轴线，然后依次是次要的位置。当我们以最重要位置为中心，在它周围对称地摆放次要的物品时或许就已经形成了轴线对称的关系。以北京典型的传统居住形式四合院为例，四合院的正房处于最重要的位置，在它前面的两侧对称布置厢房，讲究的还在面对正房中心的位置设置垂花门，正房中心与垂花门中心相对，这便形成了一个典型的以中轴线对称布局的四合院中心院落。在整个院落中不仅有规整、从容的建筑布局，更有清晰、严格的长幼尊卑秩序和中正平和的感受体验。

“中”“正”是中国传统思想中构建世界秩序的基础，中轴线则是这种抽象观念的具象表达。小到四合院和家庭，大到都城和国家，都是这样。“修身、齐家、治国、平天下”是随着中国历史文化发展而形成的独特观念，从四合院的中轴线到北京中轴线也是“家国一体”观念的反映。把国家最重要的建筑放在都城的中心，南北延伸，东西对称，让这些建筑形成严谨的对位关系，构成都城的结构与秩序，展现国家的庄重和尊严，这就是北京中轴线内在的定位。

北京中轴线还决定了北京作为都城的布局和形态。无论是对称分布的街巷、城门，还是与中轴线上高耸的皇家建筑群、黄绿琉璃瓦顶、金碧辉煌的彩画形成鲜明对比的相对低矮的民居建筑和灰色调的建筑色彩，都表达了中国都城从形态到观念对秩序的追求。

北京中轴线也是承载国家大事的主要舞台，按照《礼记》中对国都“左祖右社”的规制，分列东西两侧的太庙、社稷坛、天坛、先农坛等坛庙是明清两代帝王祭祀祖先、社稷、昊天上帝、山川诸神，祈求国泰民安、五谷丰登的场所，也是举行重大出征、受降等仪式活动的地方。

北京中轴线的形成与发展是一个漫长的过程。从 1276 年元朝定都北京，确定大都城的中心点，筑中心台，划定自中心台向南的城市发展控制线，形成北京中轴线的雏形；到明嘉靖时期扩建北京外城，形成从钟鼓楼到永定门的 7.8 千米长的北京中轴线；到乾隆时期建造景山上的五座亭子，移寿皇殿建筑群至中轴线上，对中轴线再次完善；再到 20 世纪 50 年代和 70 年代对天安门广场改造，北京中轴线最终形成了今天人们看到的形态。如今的北京中轴线不仅是一组古代的建筑群，它还包括了 1949 年以来国家重要的纪念建筑，反映国家制度的建筑和各种公共建筑，包括人民大会堂、国家博物馆、国旗杆和毛主席纪念堂。这些建筑同样也是当代中国政治和文化生活中最为重要的建筑，它们同样展现了“中”“正”的对位关系和布局形态，展现了中国文化观念的传承和延续。

对一个城市而言，市民的生活和文化是这个城市最丰富、最富有活力的部分。北京中轴线除了庄重、尊严之外，同样也是这样的生活和文化的载体。北京中轴线串连起了北京老城的外城、内城、皇城、宫城，展现了中国各个时期不同社会阶层丰富多样的生活和文化，展现着城市的生命活力。

帝都绘的《中轴线》一书将北京中轴线如此丰富、多彩的内涵转化为绚丽的画面，带读者跨越超过 7 个世纪的历史，俯瞰这一积累了中国人民智慧与创造的 7.8 千米长的巨大建筑群、街道、广场、城市空间和景观，从城市、建筑、生活的不同侧面带读者认识和理解北京中轴线。北京中轴线是重要的历史文化遗产，它的保护和价值的展示需要社会的普遍参与和关注，帝都绘的《中轴线》一书出版便是这种关注的反映，这本书是近年关于北京中轴线的图书中最有趣并且适宜不同知识背景、不同年龄的读者的一本好书。

希望读者喜欢帝都绘的《中轴线》，也期待帝都绘的年轻人推出更多关于古老而有活力的北京的作品。

清华大学国家遗产中心主任
北京中轴线世界文化遗产申遗团队负责人
吕舟

2021 年 2 月 1 日

前言

“中轴线”本是一个建筑学和城市规划学领域的术语，但很早就“破圈”了。如果你生活在北京，相信这个词早已在你的眼前、耳边出现过很多很多次——无论是从报纸、电视上的报道，还是博物馆、艺术馆的展览和活动，还是交谈的话题……近些年，得益于正在推进中的“申遗”工作，中轴线这个词出现得更加频繁了，这或许是我们详细解读它的一个好时机。

作为一本关于中轴线的“进阶”科普读物——就像帝都绘以往的很多作品一样——这本书希望通过图解的方式为你呈现有关中轴线那些不怎么为人所知的侧面。在本书形式迥异的三章里（你甚至可以把它们想象成一套书的上、中、下册），你可以从三个截然不同的视角观察同一条中轴线。

第一个视角是“城市”。是的！我们邀请你先不要一下子关注中轴线上那些引人注目的房子，而是往后退一点，看看中轴线与北京这座城市的关系。具体来说，你将在这一章中，通过 11 张地图，了解中轴线的形成、特点和对城市的塑造作用。

紧接着，第二个视角就是“建筑”了。北京中轴线上的天安门、故宫、钟鼓楼等建筑家喻户晓，但我们更希望为你呈现一个更全面的中轴线建筑图鉴。我们一共绘制了 250 多座中轴线上的建筑，从中你会发现，中轴线不仅有正统和传承，还有多元和创新。

最后一个视角是“生活”。北京的中轴线无疑是珍贵的历史遗产，但同时它也是一个鲜活的舞台，从古至今有无数的事件在中轴线发生，无数的人物在这条线上留下了他们的故事，这一章讲的正是这些故事。

如果你仔细观察这本书，不难发现一个独特之处，就是书中真的藏着一条轴线！从封面延伸至封底。因为北京中轴线是南北向的，为了突出这种延伸感，本书采用了上下翻页的方式，每一个对页的上面是北，下面是南。不妨尝试沿着这条线，一口气把书读完吧！

你会发现，这本书所展现的知识多少有点儿“专业”，能够把整本书完全读明白并不是一件特别容易的事情，这对于创作这本书的我们来说何尝不是如此呢？北京中轴线穿越了近 800 年的历史，关于北京中轴线，很多知识和资料已经残缺不全，有很多未解的谜团。这本书并不会为你揭开有关中轴线的所有真相，但我们希望它能够激发起你的好奇心，主动去探索更多关于这条轴线的奥秘。

帝都绘工作室

如何阅读这一章？

顺时针旋转
90° 阅读

北京的中轴线并不是正南正北的！但为了便于表现，除“倾斜”页外，本章其他页面都将地图旋转了一个角度，使中轴线可以与页面边缘平行。

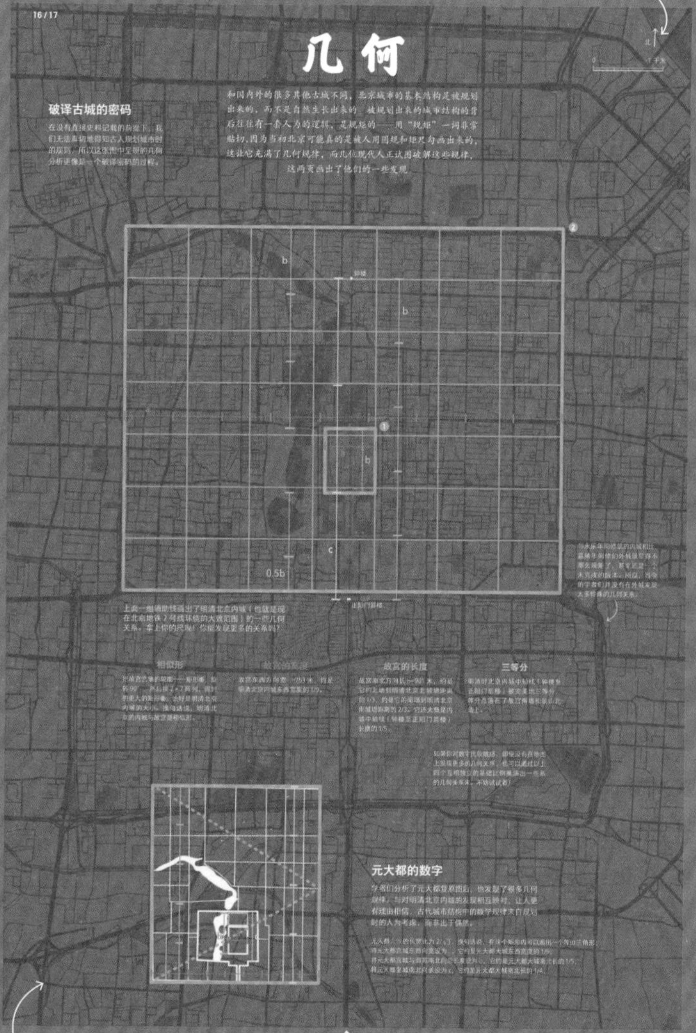

北京中轴线的历史非常重要，不过，本章内容更关注中轴线与我们如今所生活的城市的关系，所以大部分地图都是以当下的北京为底图绘制的。

这条红线就是北京中轴线所在的直线，它将贯穿整章。

北京中轴线指什么？

在北京说到中轴线，一般指传统中轴线，等同于明清北京中轴线。这条中轴线的南端点为永定门，北端点为钟楼，长 7.8 千米。

在本书和其他语境中，还会出现以下中轴线概念：

1. 元大都中轴线。一般认为，元大都中轴线为如今天安门到鼓楼这一段，不过也有争议，详见第 8 页。
2. 中轴线的延长线。在城市发展过程中，中轴线经历了多次延长，这部分内容请详见第 26 页。现如今北京常用的中轴线延长线概念，向北可延伸至燕山山脉，向南则延伸至北京大兴机场和永定河水系。

景山
故宫

目录

中轴线上的城市
5

中轴线上的建筑
33

中轴线上的生活
67

缘起

我们知道，北京中轴线源自元大都。那么，现在就让我们回到元大都建城之初，看看在大约八百年前，中轴线是怎样被规划、设计出来的吧！因为缺乏充分直接的史料记载，本图呈现的是基于现代学者的研究做的推测。请按编号顺序阅读。

④ 广寒殿

元大都建成之前，忽必烈一直在燕京东北郊的原金代离宫——万宁宫太液池（今北海）琼华岛上的广寒殿里居住和办公。

⑥ 定下中心点

早在忽必烈决心定都燕京时，考虑到距离金中都完全攻克已过了几十年，城中宫殿荒废不堪，便决定另起炉灶，以原来金中都东北郊的积水潭为中心建设新城。把大面积的水体作为城市的核心在以前从未有过，很可能来源于蒙古人的居住习惯。正式规划元大都时，则在积水潭东北岸选定了大都城的中心，建设中心台和中心阁（中心台、中心阁位置有争议，详见第14页）。

⑦ 确定东西宽度

有了城市的中心点，接下来需要确定的就是它的宽度和长度。根据现代学者推测，元大都的宽度是根据积水潭的宽度确定的。为了把积水潭整个包在城里，首都西城墙的位置便确定了，整座城市的宽度则是这一距离的两倍。

⑨ 动工建设

很难说元大都规划和建设的顺序是怎样的，我们知道的是：宫城在1266年动工，十年之后的1276年，元大都宫城宣告完工。元大都的大城比宫城晚一年（1267年）开工，1285年左右基本完成，并开始将旧城（原金

⑩ 疏通水系

在元大都投入使用几年后，改良漕运也被提上日程。太史令郭守敬通过调研提出的方案被忽必烈认可，最终通惠河修成，使漕粮和其他物资可以通过运河从南方直抵大都核心。至此，元大都中轴线的主要构成元素就基本完备了。

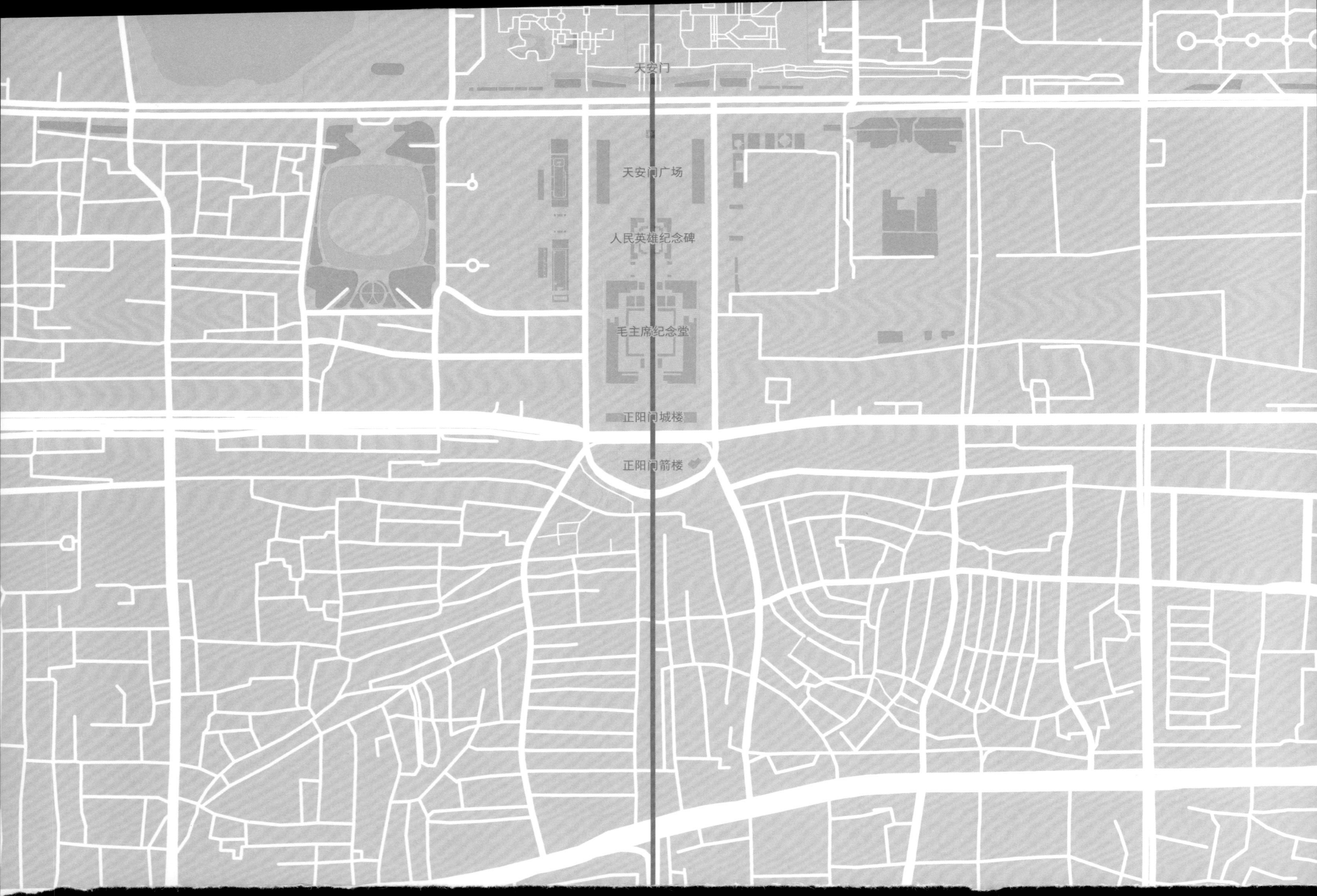

天安门
天安门广场
人民英雄纪念碑
毛主席纪念堂
正阳门城楼
正阳门箭楼

天坛
先农坛
永定门

1

中轴线上的城市

在这一章中，我们将用 11 张地图解读北京中轴线。需要注意的是，这些地图中有的关注中轴线本身——比如中轴线的缘起和中轴线的功能，有的则关注中轴线对城市的影响——比如中轴线的倾斜和中轴线的对称。之所以这样设置，是因为中轴线并不只是一个物体（物质的），还是一种规则（非物质的），而后者更容易被忽略。希望阅读完这一章后，你也可以用不同的视角重新看待北京中轴线！

本章将围绕 11 个关键词展开：

缘起、演化、功能、倾斜、偏移、几何、对称、色彩、埋藏、比较、延伸。

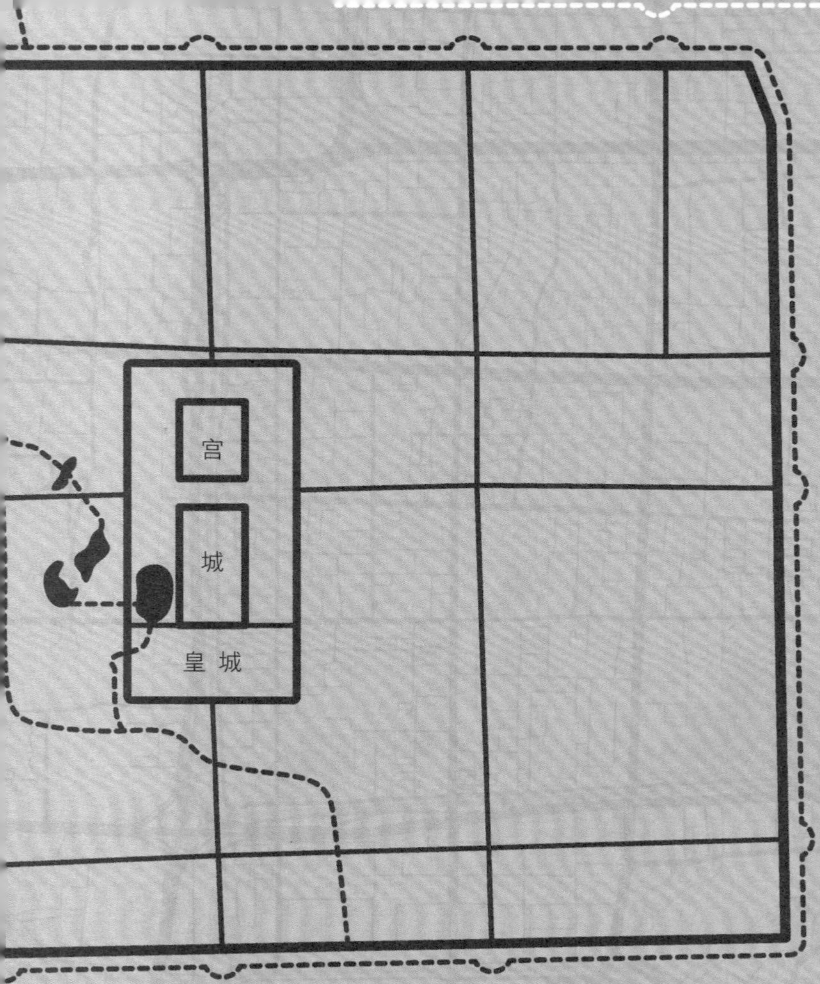

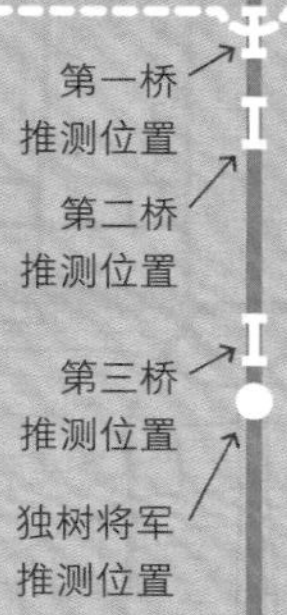

8 确定南北长度

元大都南北长度的确定方法，因为没有像积水潭之于东西宽度那样的明确参照，显得更加模糊。有学者发现，元大都的尺寸存在特别的比例关系（详见第 17 页），所以也许它的长度是在宽度确定后联动算出的。这方面我们还需要更多的研究。

5 独树将军

据《析津志》记载，大都建设之初，刘秉忠选择了一棵树作为基准，确定了皇宫的方位，其实也就确定了元大都中轴线的位置。这棵树后来被封为“独树将军”，还被授予金牌。至于这棵树具体在哪里，有现代学者根据文献中的描述——这棵树位于元大都丽正门外第三座桥的南边——顺藤摸瓜，基于考古和考据成果，逐一推测三座桥的位置后，提出这棵树位于现在前门大街五牌楼附近。需要注意，这只是一种推测，要确定独树将军的位置，还需要更多史料和考古证据。

1 老城金中都

元大都建立之前，在如今北京所在的这片土地上已经有了一座宏伟的城市——金中都。它位于现在北京的西南二环一带（具体位置可以和本页底图对应），是在其前朝——辽代南京城的基础上修建的。它在 1153 至 1215 年间是金朝的都城，据现代学者研究，金代后期这里住有 40 万人（2019 年北京东城区常住人口的一半）。1215 年，金中都被蒙古军队攻陷。

2 权力争斗

金中都被攻克后，并没有直接兴建元大都，因为此时的大蒙古国对外还在不断征战，内部则在成吉思汗去世后陷入了权力争斗。1260 年，更倾向于汉化的忽必烈在新建成不久的开平城登基，并最终击败了他的弟弟阿里不哥。

3 两都的规划者

在权力争斗的高峰期，忽必烈派谋士刘秉忠建设开平城。这座城市在忽必烈夺下皇位的过程中起到了重要作用，后来被升为“上都”。相传刘秉忠是一位全能型人才，儒、释、道思想融会贯通，元朝决定迁都燕京（改称大都）后，也是由刘秉忠主持首都规划的。忽必烈曾特别提到刘秉忠精通阴阳术，因此很多学者推测，元大都的很多规划理念源自阴阳五行。除了刘秉忠，参与元大都规划的还有很多人，包括刘秉忠的弟子赵秉温、郭守敬等。

元上都复原示意图

元上都的布局整体上比较自由，体现了蒙古人逐水草而居的特点。但同时圈层性的城池体系和局部对称的轴线感，又是汉人的营城传统。

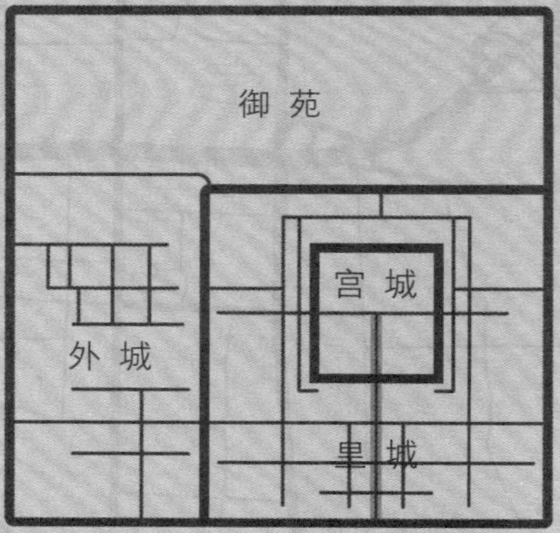

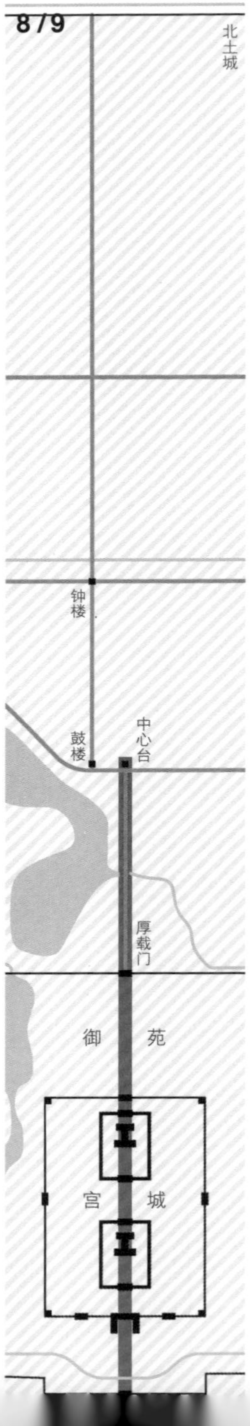

演化

北京中轴线难能可贵的一点，是它在历史上的连续性。从元大都奠定基础开始，之后几百年，一代代人对城市的改造都在遵循，甚至加强这条轴线。这两页体现了七个时期北京中轴线沿线的主要建筑、道路和水系，看看它是如何一步步发展至今的吧！

图例 北

主要建筑

城墙

主要道路

主要水系

中轴线范围

城市范围

0 1千米

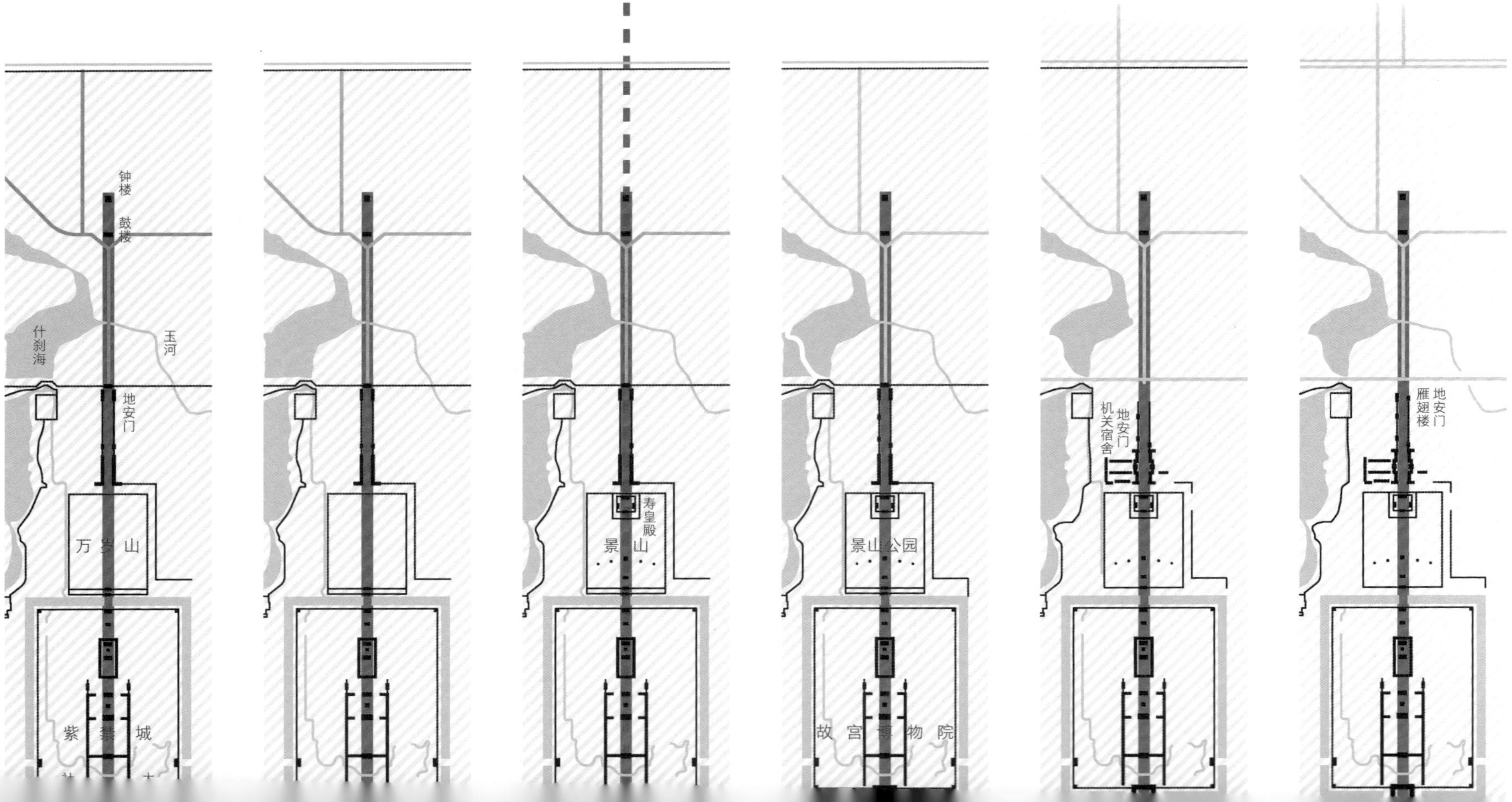

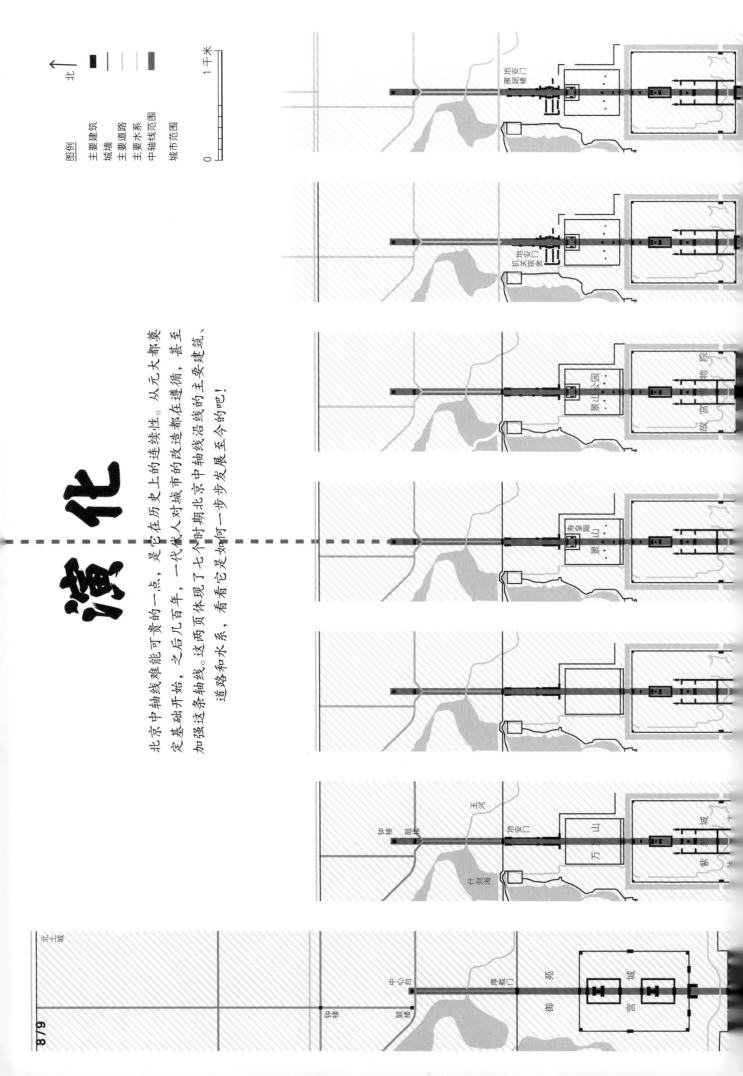

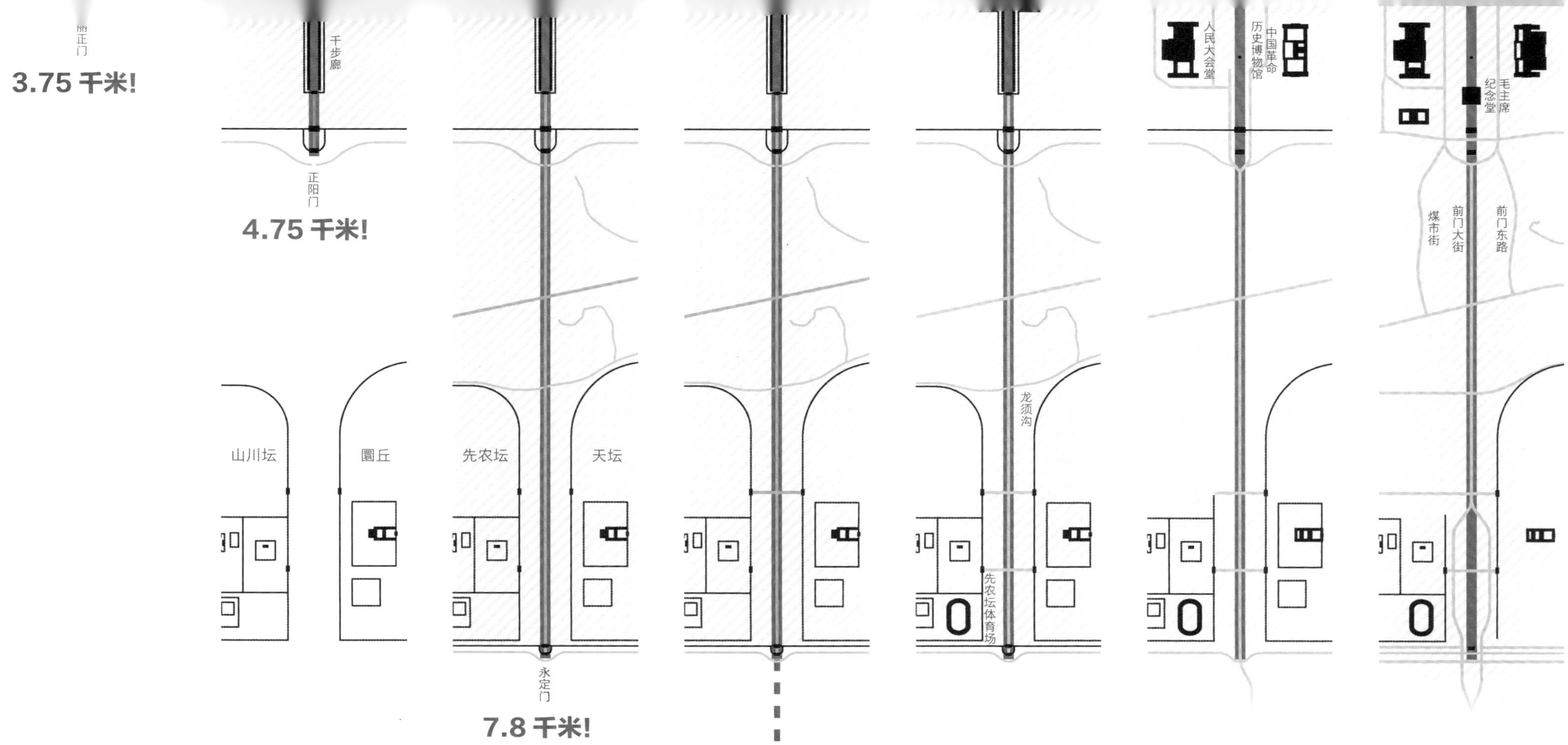

14 世纪

元大都的中轴线北起中心台，南至丽正门，为北京城之后几个世纪的发展定下了基调。值得注意的是，元大都中轴线没有贯穿全城，而是位于城市南部的一半。元大都的城市格局如今尚有争论，这张图中画出的是其中一种复原的结果。

15 世纪

明代初期，北京城南北向的长度缩短了，中轴线却延长了，它的北端点从元中心台北移至永乐年间新建的钟楼，南端则南移至新的丽正门（后改名正阳门）。紫禁城、万岁山（后来的景山）、太庙、社稷坛等中轴线上的重要区域也在这个时期成形。

16 世纪

明代中后期北京最大的变化，是嘉靖年间修筑了外城。由此，先农坛和天坛被纳入城内，中轴线也延伸到了永定门，总长达 7.8 千米。此后，中轴线的整体格局就基本稳定了。

18 世纪

清朝入主北京后，花了很长时间修缮在明末战火中衰颓了的中轴线上的建筑，对它的格局则没有太大调整。清代最明显的变化，是乾隆年间将寿皇殿从景山东北角移建到了景山正北的中轴线上，并在景山上修建了五座亭子，确立了中轴线的最高点。

20 世纪初

民国时期北平的中轴线在物质空间上的变化很有限，最大的改变在于功能。曾属于王侯将相的空间逐渐让位于一些现代的城市功能，如公园、博物馆、体育场等。

20 世纪中叶

作为崭新的中华人民共和国的首都，北京的中轴线经历了很多改造。有旧建筑被拆除（如地安门、千步廊），也有新建筑建起来（如地安门机关宿舍、人民大会堂），还有基础设施的更新（如长安街、龙须沟）。

现今

最近几十年中轴线的变化不小，变化主要发生在长安街以南。如最终在 20 世纪 70 年代定型的天安门广场、21 世纪初开辟的煤市街、前门东路和永定门公园。一些曾被拆除的建筑和街道也在这个时期被恢复，如永定门城楼、前门大街、地安门雁翅楼等等。

功能

北京中轴线的功能是多样的，7.8千米的长度使它穿过了若干不同的街区；北京中轴线的功能也是特殊的，它的位置将一些特别的功能聚集在它的沿线。这两页体现了七个时期北京中轴线沿线的功能分布（与前两页相对应），尽管受史料限制，各个时期的细分程度略有差异，但你仍可以看出中轴线功能流变的趋势。

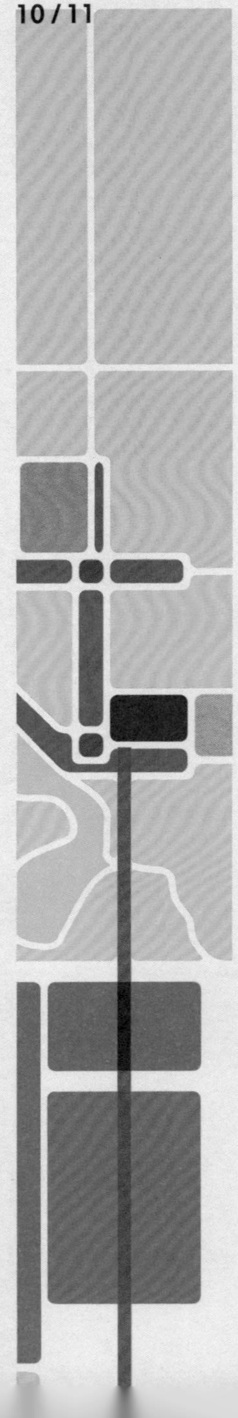

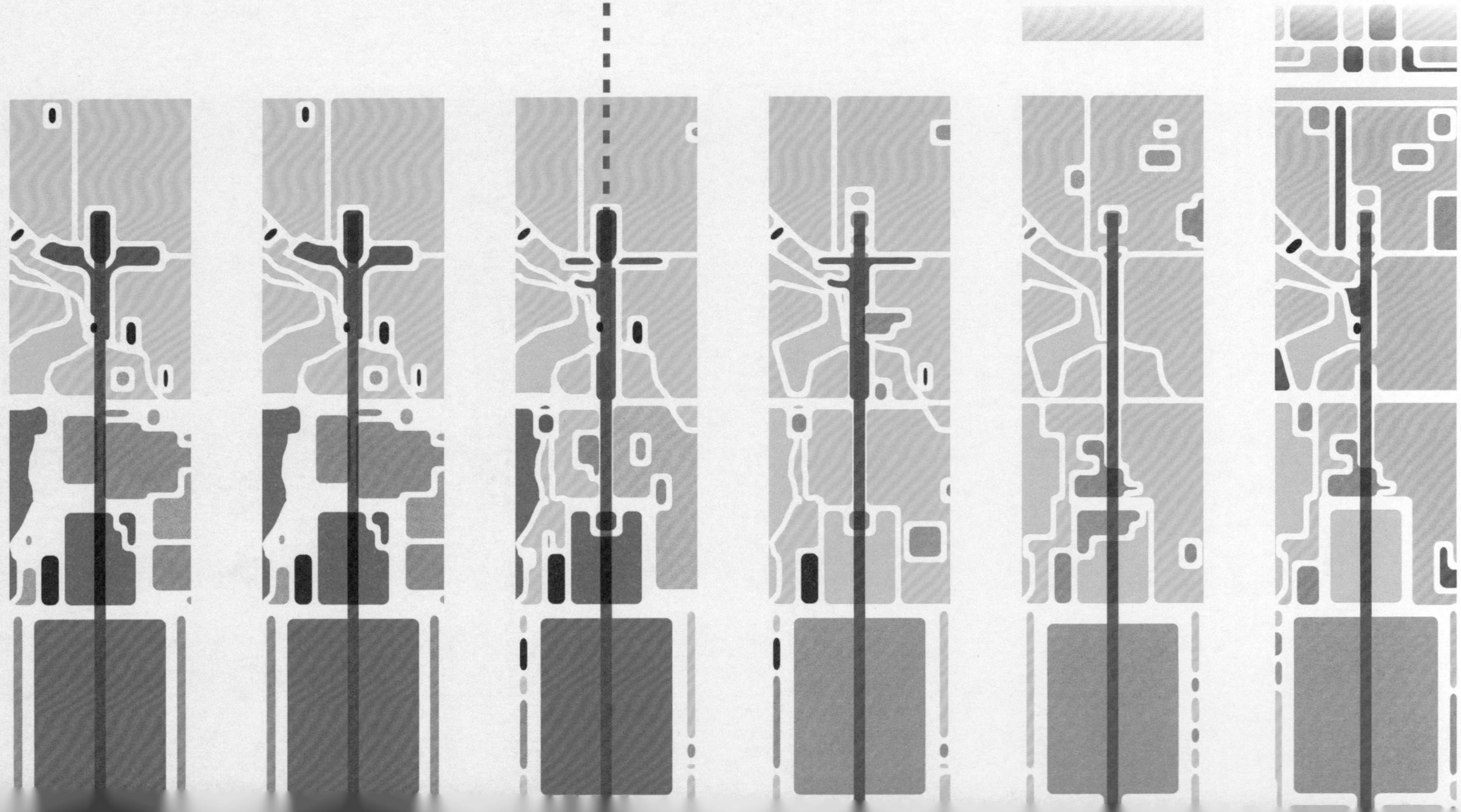

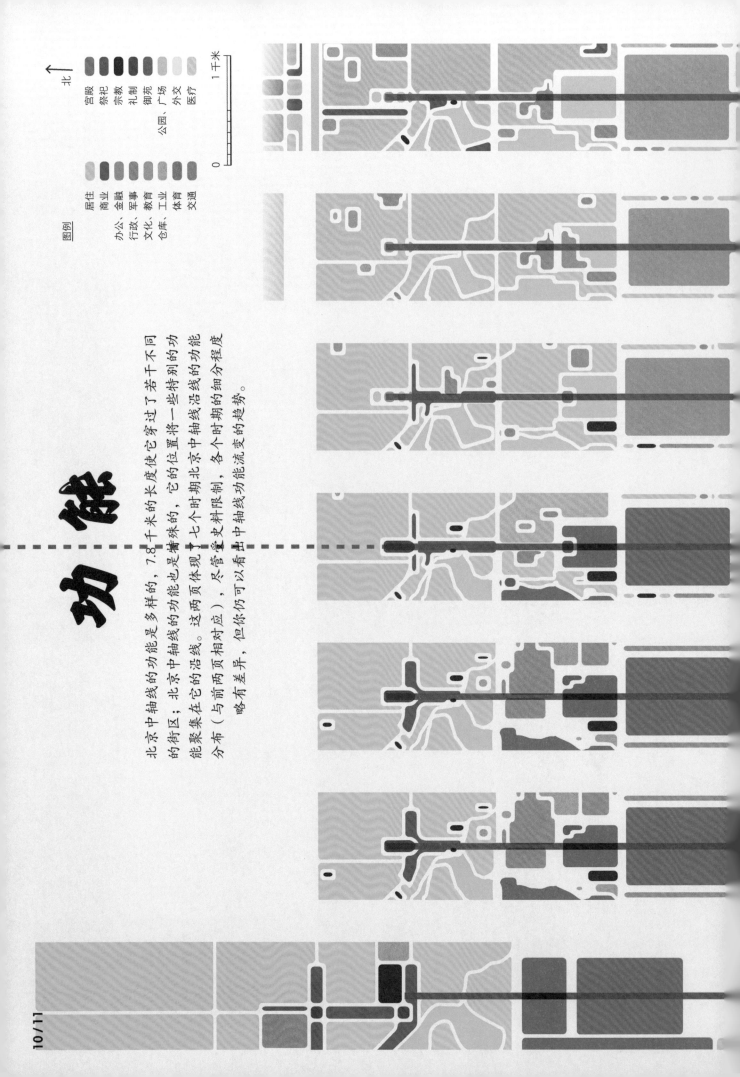

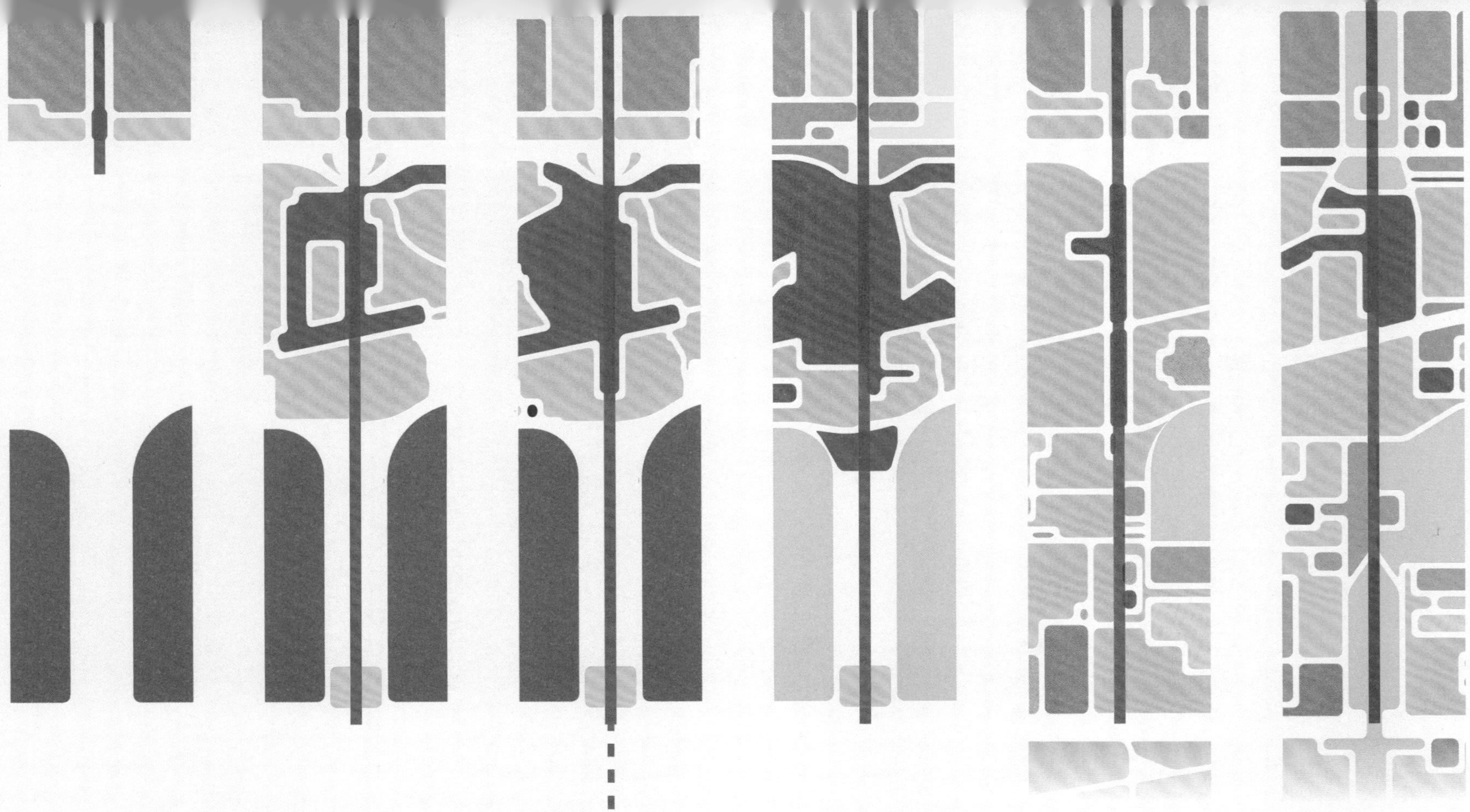

14 世纪

元大都中轴线在功能上被清晰地分成三段：中段是以宫殿和御苑为主的皇城，南段是面积较小的官署区，北段则是平民生活区。全城最热闹的地方无疑是积水潭北边和钟楼四周的商业区。至于居住区，钟楼以南的居民更加富裕，钟楼北边则以贫民为主。

15 世纪

明初的北京在元大都的基础上做了很大程度的改造，但整体的功能分布其实和元大都区别不大。明初北京保留了元大都“前朝后市、左祖右社”的格局，同时似乎有意识地把一些重要功能（如太庙、社稷坛、天坛、山川坛）集中到了中轴线上，这使得中轴线的地位更加重要了。

16 世纪

嘉靖年间修筑外城后，中轴线上的功能分布随之发生了较大的改变。商业在前门大街聚集，甚至形成了全市级别的商业中心。这样的布局和《周礼·考工记》推崇的“前朝后市”相比，反倒更像“前市后朝”了。

18 世纪

清代北京中轴线的功能基本继承了明代的分布状态。一处明显的变化来自乾隆年间对寿皇殿的迁建，这样在中轴线的正上方也有了一处祭祀空间。此外，前门周边的商业区也进一步发展、扩大了，成为当时北京当之无愧的商业中心。

20 世纪初

20 世纪初，北京中轴线的功能发生了翻天覆地的变化：宫殿成了博物院，御苑、祭坛成了公园、银行、火车站等新功能建筑在轴线的中央聚集……当然，也有不变的，比如北城大面积的居住区和前门外愈发红火的商业区。但无论如何，北京在向一座现代城市迈进了。

20 世纪中叶

这一时期中轴线的功能经历了很多变化：在天安门和前门之间的这一大段空间分阶段地让位于一座巨大的城市广场和旁边巨大的公共建筑；与此同时，因为人口不断增长，中轴线南部原本开阔的空间被逐渐填满；而在已建成区域，一些工业和行政办公功能也见缝插针。

现今

回望这张图所画出的中轴线几百年的演变，你会发现某些区域的功能非常稳定（比如鼓楼和什刹海周边的居住区和商业区），另一些地方则经历了巨变。但从始至终，中轴线的功能都是混合的，既有一国之都的宏大叙事，也有百姓市民的寻常生活。

倾斜

北京中轴线并非正南正北，而是与子午线有2°左右的偏角。原因众说纷纭。不过，这两页主要呈现的不是中轴线倾斜的原因，而是它的结果——北京哪些道路被倾斜的中轴线"带偏"了？中轴线倾斜的影响范围有多大？

倾斜的大学们

你可能想不到，位于北四环、北五环附近的多所高校，它们的内部道路都不是正南正北的，而是与北京老城的中轴线平行，有2°左右的偏角。北京中轴线的影响力可见一斑！很可能是这些大学顺着这一地区的主干道——学院路进行规划，学院路则是西土城路向北的延伸，至于西土城路，它源自元大都西土城，在700多年前就是倾斜的了。

地坛非常神秘，因为它在中轴线倾斜的基础上，又多斜了3°左右，其原因至今尚无定论。

一路向北

从这张图中你可以发现，在北京老城（如今二环范围）以外的东、南、西、北四个方向，北边的道路受到中轴线倾斜的影响最大。比如，北三环路和北四环路都与中轴线严格垂直，使得很多和它们相邻的道路也与中轴线垂直或平行。这种情况在东、南、西三个方向并不存在。

与中轴线垂直或平行的道路分布最密集的区域，无疑是老城，因为它们在古代建设时就与中轴线有密切的关系。不过在分布上也有差异：东城比西城多，北城比南城多。

东二环、西二环的北半部分严格沿原有城墙建设，所以它们也都与中轴线保持平行。

平安大街在古代并非一条连贯的街道，而是现代开辟出来的。为了适应环境，它有一些曲折，也就与中轴线的角度不一样了。

东三环就是正南正北的了。

莫衷一是的倾斜之谜

北京中轴线的倾角太神秘了，学者们提出了众多推论来解释它。不过，在直接的原始文献被发现之前，我们恐怕都难下定论。在这些推测中，你倾向于哪一个呢？

推测 A 磁子午线说

古代测量方向的一种方法是使用磁针，不过磁针测出的是地磁的方向，它与真子午线有一个磁偏角。有人推测，元代北京的磁偏角是2.1°左右，中轴线也就因此倾斜了。

推测 B 元上都说

有人在地图上画出了北京中轴线的延长线，认为它直指元上都。不过，其实这条线并没有准确地到达元上都，而是在它东侧7千米左右划过。

推测 C 燕山山峰说

还有学者也画出了中轴线的延长线，不过他们认为这条线指向的不是元上都，而是北京北部燕山山脉的凤驼梁东峰，而这座山峰的"个"字形山脉定义了一处风水较好的"穴场"。

推测 D 罗盘吉位说

有堪舆学专家提出，正南和正北虽然"正"，但在风水上属于"火坑"一位，不吉利。相反，在风水罗盘上可以发现，像中轴线这样偏了2.5°的方位则是"旺相珠宝"位，大吉！

推测 E 量歪了说

这一理论不难理解，中轴线倾斜就是因为当时没量准，仅此而已。反对者则提出，比元大都更早修建的元上都（开平城）是正南正北的，足以说明当时技术可靠。

偏移

中轴线，顾名思义，理应在城市的正中。但如果你在地图上做一番测量，就会发现，北京中轴线并不在老城的正中，而是向东偏移了约 130 米。这样一段偏移引发了无数讨论，而大多数讨论都指向了元大都。

为什么偏移与元大都有关？

因为北京中轴线的大格局在明代之后没有明显变化（见第 8 页），故偏移在明代已是既成事实。因此，要探究中轴线偏移的秘密，就必须向元大都溯源了。

老城东西中分线都经过了哪里？

❶ 旧鼓楼大街

如今的旧鼓楼大街在元大都时期是一条重要道路，也是元大都的东西中分线。有学者进而认为，这条线才是元大都的中轴线。明代北京建设时没有沿用元大都的中轴线，而是东移了约 130 米。

❷ 断虹桥

断虹桥是故宫武英殿东侧一座精美的石桥，它也位于北京老城的东西中分线上。有学者认为这不是巧合，真正的原因是元大都宫殿的中轴线本来就在断虹桥一线，甚至断虹桥本身就是元大都宫殿中轴线上的一座桥。

❸ 天安门广场西侧路

它与老城东西中分线的重合可能只是巧合。

众说纷纭的元大都中心地带

今天北京钟楼、鼓楼一带是元大都的城市中心。因为中轴线的偏移现象和文献记载的模糊性，使学者们对元大都这一地区的复原有了很多版本。如果北京中轴线完美地位于正中，想必问题会更单纯一些。（上图“推测 A”是现在最普及的一个版本）

讨论的核心就是这四座建筑的位置：

元钟楼	元鼓楼	中心台	中心阁
■	●	✕	✚

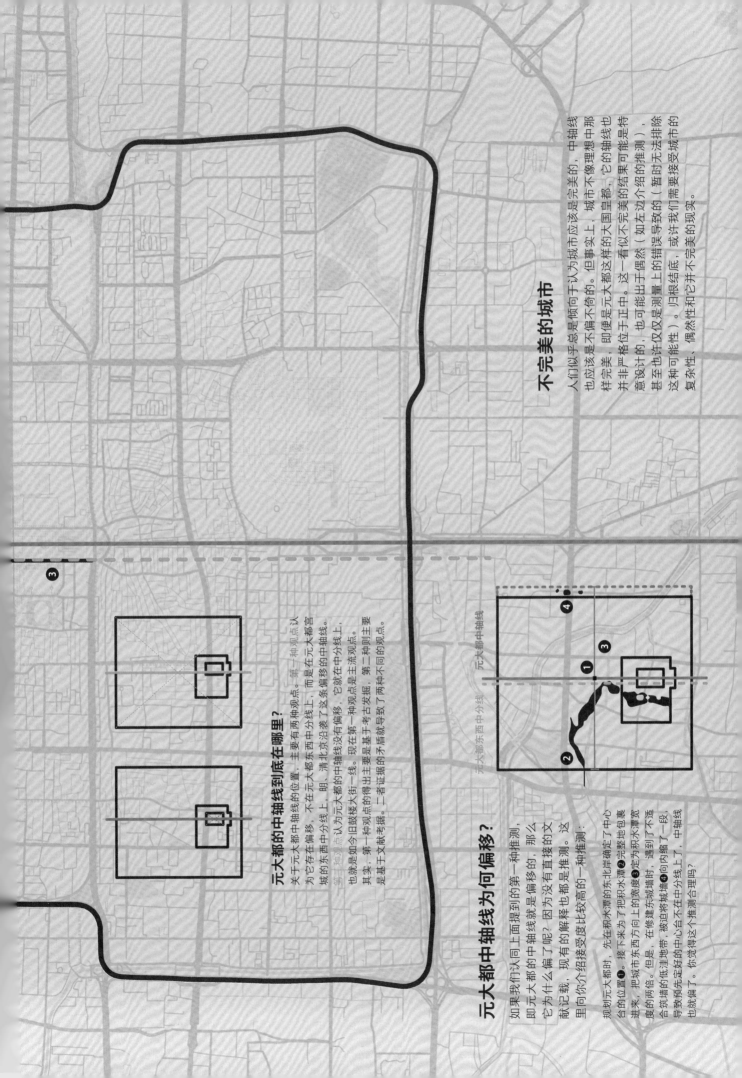

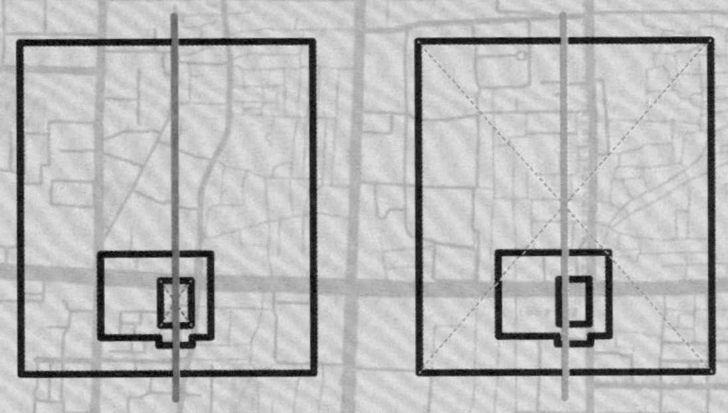

元大都的中轴线到底在哪里？

关于元大都中轴线的位置，主要有两种观点。第一种观点认为它存在偏移，不在元大都东西中分线上，而是在元大都宫城的东西中分线上，明、清北京沿袭了这条偏移的中轴线。第二种观点认为元大都的中轴线没有偏移，它就在中分线上，也就是如今旧鼓楼大街一线。现在第一种观点是主流观点。其实，第一种观点的得出主要是基于考古发掘，第二种则主要是基于文献考据。二者证据的矛盾就导致了两种不同的观点。

元大都中轴线为何偏移？

如果我们认同上面提到的第一种推测，即元大都的中轴线就是偏移的，那么它为什么偏了呢？因为没有直接的文献记载，现有的解释也都是推测。这里向你介绍接受度比较高的一种推测：

规划元大都时，先在积水潭的东北岸确定了中心台的位置❶。接下来为了把积水潭❷完整地包裹进来，把城市东西方向上的宽度❸定为积水潭宽度的两倍。但是，在修建东城墙时，遇到了不适合筑墙的低洼地带，被迫将城墙❹向内缩了一段，导致预先定好的中心台不在中分线上了，中轴线也就偏了。你觉得这个推测合理吗？

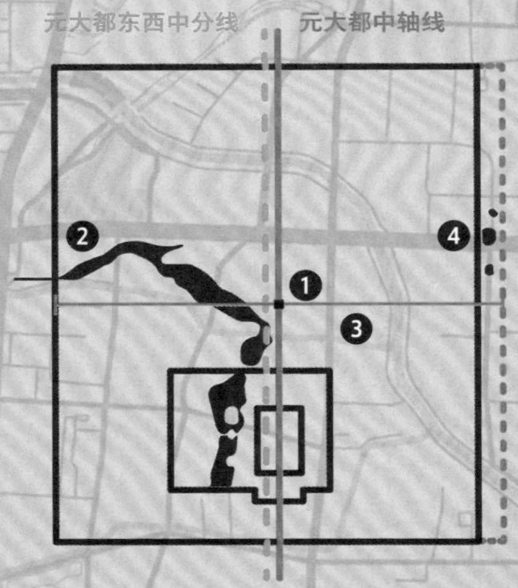

不完美的城市

人们似乎总是倾向于认为城市应该是完美的，中轴线也应该是不偏不倚的。但事实上，城市不像理想中那样完美，即便是元大都这样的大国皇都，它的轴线也并非严格位于正中。这一看似不完美的结果可能是特意设计的，也可能出于偶然（如左边介绍的推测），甚至也许仅仅是测量上的错误导致的（暂时无法排除这种可能性）。归根结底，或许我们需要接受城市的复杂性、偶然性和它并不完美的现实。

几何

和国内外的很多其他古城不同，北京城市的基本结构是被规划出来的，而不是自然生长出来的。被规划出来的城市结构的背后往往有一套人为的逻辑，是规矩的——用“规矩”一词非常贴切，因为当初北京可能真的是被人用圆规和矩尺勾画出来的，这让它充满了几何规律，而几位现代人正试图破解这些规律，这两页画出了他们的一些发现。

破译古城的密码

在没有直接史料记载的前提下，我们无法真切地得知古人规划城市时的规则，所以这张图中呈现的几何分析更像是一个破译密码的过程。

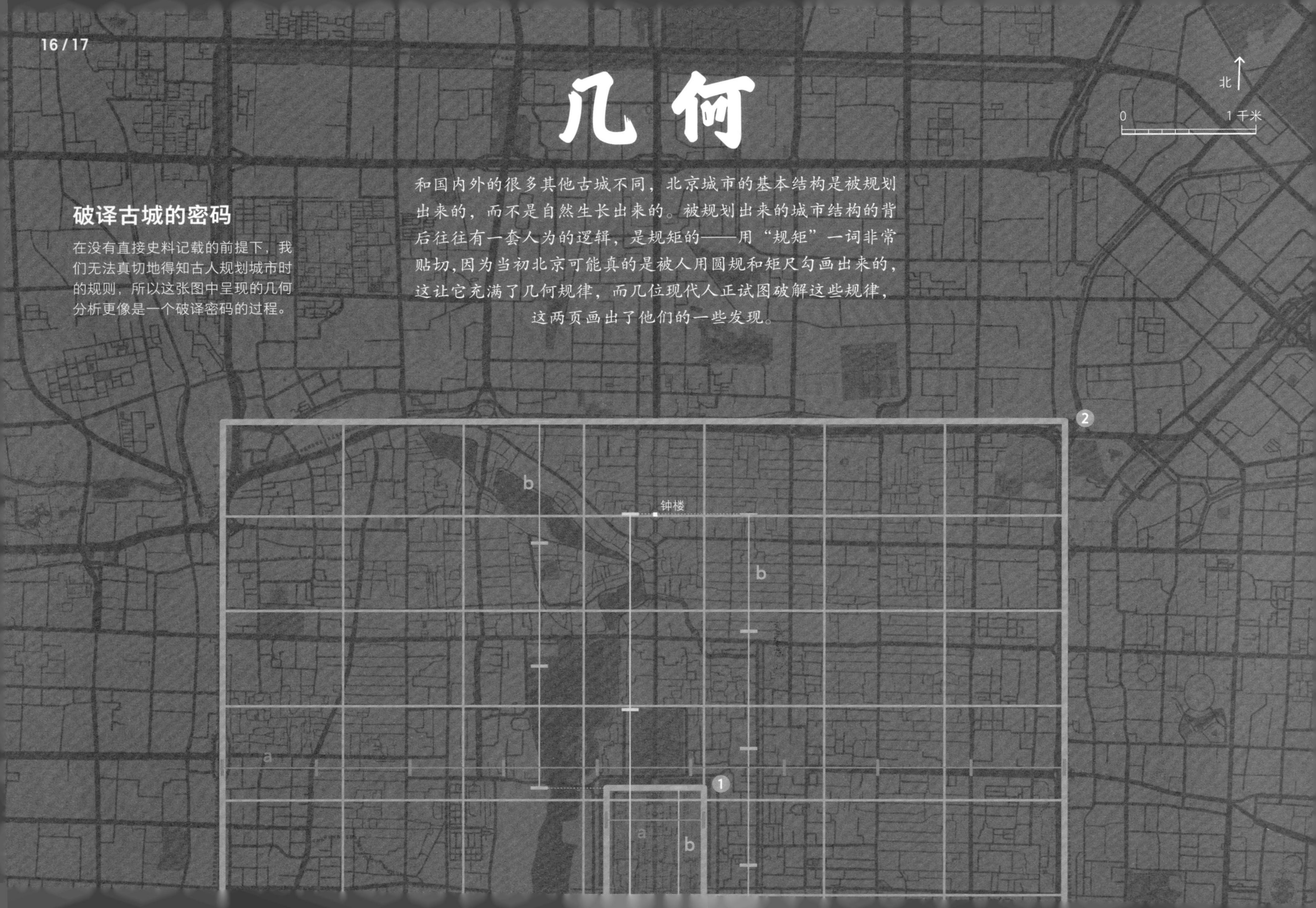

上面一组辅助线画出了明清北京内城（也就是现在北京地铁 2 号线环绕的大致范围）的一些几何关系。拿上你的尺规！你能发现更多的关系吗？

与永乐年间修筑的内城相比，嘉靖年间修的外城就显得不那么规矩了，甚至还是一个未完成的版本。所以，当今的学者们并没有在外城发现太多特殊的几何关系。

相似形

把故宫宫墙的轮廓——矩形①，旋转 90°，然后按 7 × 7 阵列，得到的更大的矩形②，恰好是明清北京内城的大小。换句话说，明清北京的内城与故宫是相似形。

故宫的宽度

故宫东西方向宽 a=753 米，约是明清北京内城东西宽度的 1/9。

故宫的长度

故宫南北方向长 b=961 米，约是它的北墙到明清北京北城墙距离的 1/3，约是它的南墙到明清北京南城墙距离的 2/3。它还大概是内城中轴线（钟楼至正阳门箭楼）长度的 1/5。

三等分

明清时北京内城中轴线（钟楼至正阳门箭楼）被完美地三等分，等分点落在了故宫南墙和景山北墙上。

如果你对数字比较敏感，即便没有在地图上发现更多的几何关系，也可以通过以上四个互相独立的基础比例推演出一些新的几何关系来。不妨试试看！

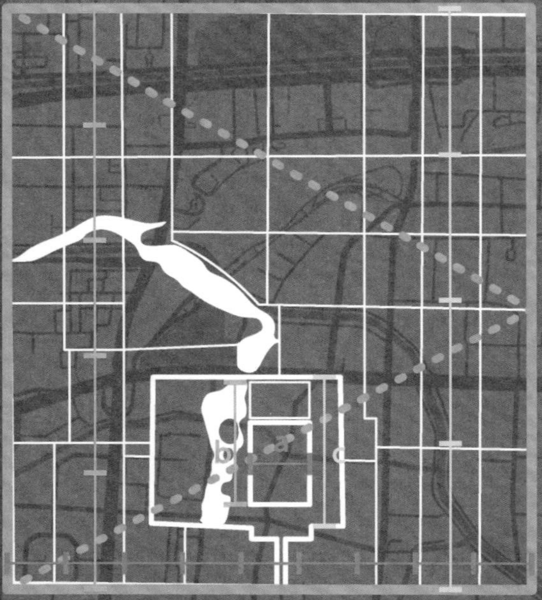

元大都的数字

学者们分析了元大都复原图后，也发现了很多几何规律。与对明清北京内城的发现相互映衬，让人更有理由相信，古代城市结构中的数学规律来自规划时的人为考虑，而非出于偶然。

元大都大城的长宽比为 $2/\sqrt{3}$，换句话说，在这个矩形内可以画出一个等边三角形；
将元大都宫城东西向宽设为 a，它约是元大都大城东西宽度的 1/9；
将元大都宫城与御苑南北向总长度设为 b，它约是元大都大城南北长的 1/5；
将元大都皇城南北向长设为 c，它约是元大都大城南北长的 1/4；
……

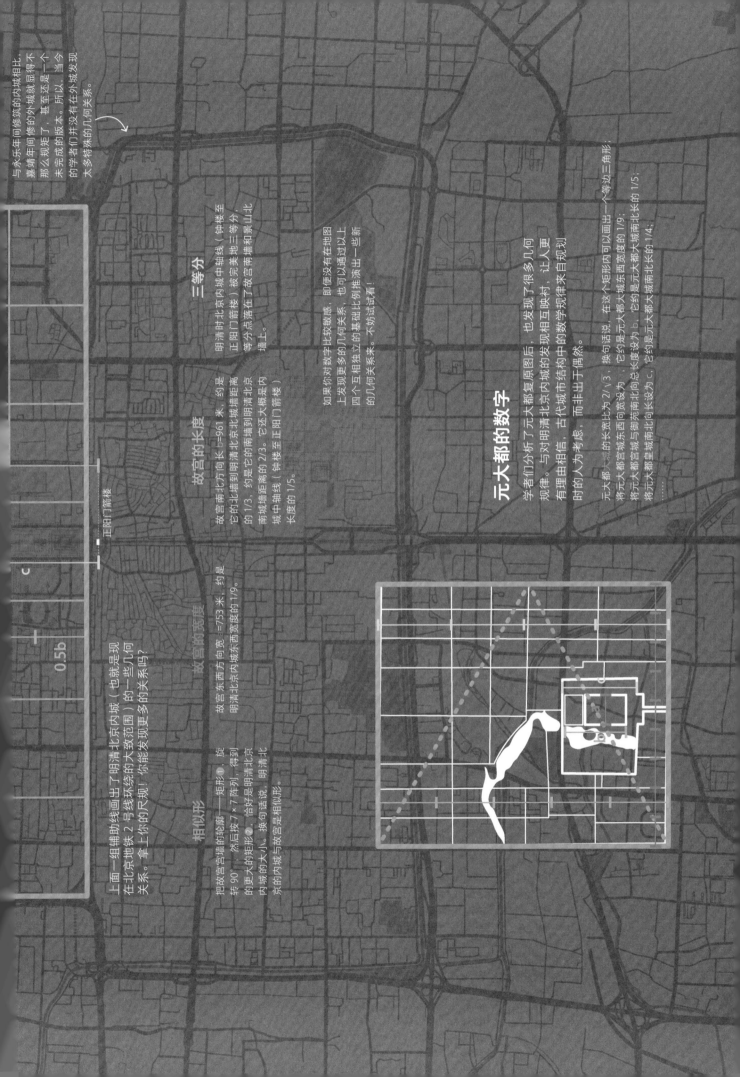

对称

在定义上，轴线就具有引导平面两侧元素呈对称分布的含义，这种对称性在北京的城市结构上体现得尤为明显。但这不意味着北京全城都是对称的（那几乎是不可能的），请你在下面这两页中找一找：

北京哪里是对称的？哪里是不对称的？

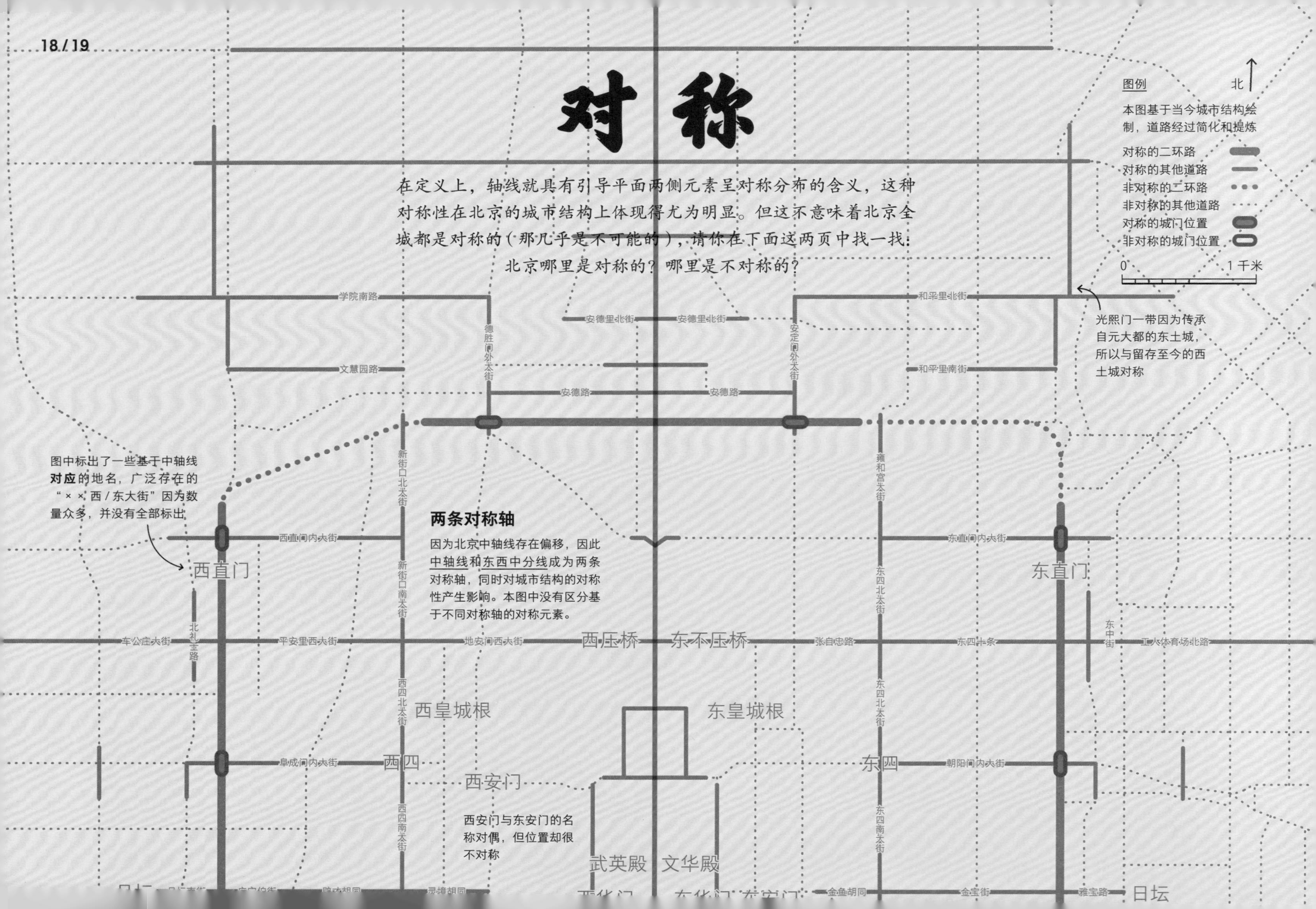

两条对称轴

因为北京中轴线存在偏移，因此中轴线和东西中分线成为两条对称轴，同时对城市结构的对称性产生影响。本图中没有区分基于不同对称轴的对称元素。

光熙门一带因为传承自元大都的东土城，所以与留存至今的西土城对称

图中标出了一些基于中轴线**对应**的地名，广泛存在的“××西／东大街”因为数量众多，并没有全部标出

西安门与东安门的名称对偶，但位置却很不对称

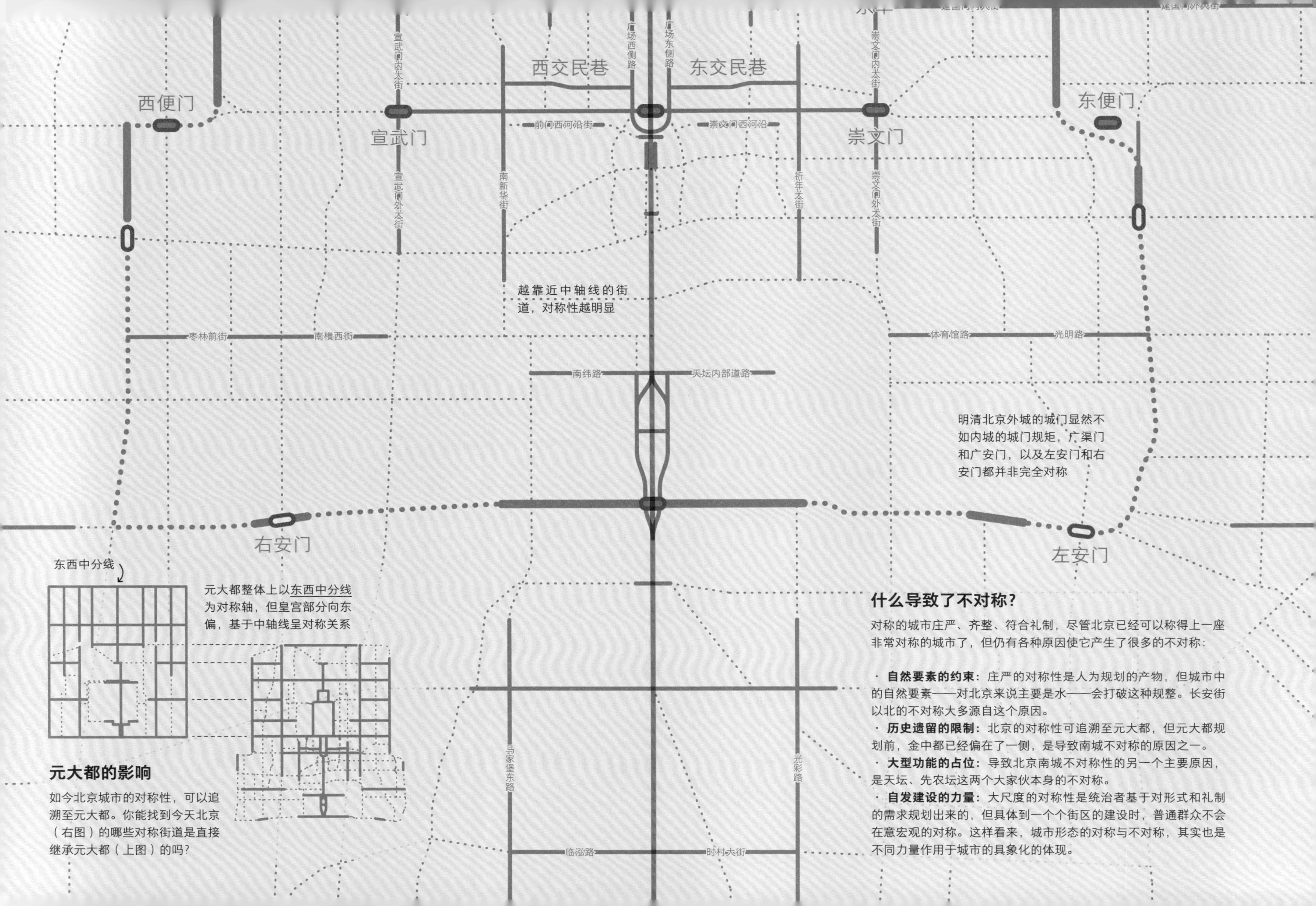

越靠近中轴线的街道，对称性越明显

明清北京外城的城门显然不如内城的城门规矩，广渠门和广安门，以及左安门和右安门都并非完全对称

元大都整体上以东西中分线为对称轴，但皇宫部分向东偏，基于中轴线呈对称关系

元大都的影响

如今北京城市的对称性，可以追溯至元大都。你能找到今天北京（右图）的哪些对称街道是直接继承元大都（上图）的吗？

什么导致了不对称？

对称的城市庄严、齐整、符合礼制，尽管北京已经可以称得上一座非常对称的城市了，但仍有各种原因使它产生了很多的不对称：

· **自然要素的约束**：庄严的对称性是人为规划的产物，但城市中的自然要素——对北京来说主要是水——会打破这种规整。长安街以北的不对称大多源自这个原因。

· **历史遗留的限制**：北京的对称性可追溯至元大都，但元大都规划前，金中都已经偏在了一侧，是导致南城不对称的原因之一。

· **大型功能的占位**：导致北京南城不对称性的另一个主要原因，是天坛、先农坛这两个大家伙本身的不对称。

· **自发建设的力量**：大尺度的对称性是统治者基于对形式和礼制的需求规划出来的，但具体到一个个街区的建设时，普通群众不会在意宏观的对称。这样看来，城市形态的对称与不对称，其实也是不同力量作用于城市的具象化的体现。

色彩

不仅是建筑色彩

我们在城市中看到的色彩来自很多方面（植被、水面、交通工具、人群等），建筑只是其中一部分，但因为篇幅所限，这张图只分析了中轴线上的建筑色彩。

北京的中轴线是多彩的，但这种多彩并不是随意挥洒出来的，而是与中轴线的空间序列有着直接的对应关系。这两页提取并分析了中轴线沿线典型建筑的建筑色彩，也许你可以从中看到一些规律。

图例

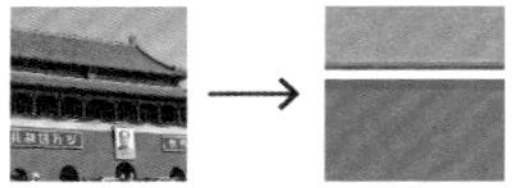

建筑（左）的色彩按面积被提炼成宽度不一的色带（右）

这张图上的建筑按照实际位置关系排列，所以它可以被理解为一张中轴线色彩地图。（注：本书封面的设计灵感也源于中轴线上的色彩。）

西 东 北

除了钟楼和鼓楼这两座地标之外，中轴线北端的色彩以胡同中砖瓦的灰色为主，点缀有一些红色和其他颜色（主要来自宅门和窗户）。

地安门周边的商业氛围为灰色的主基调增加了更多彩色，但在近年来的改造中有所减少。

一旦进入曾经的皇城，特别是故宫周边，建筑色彩顿时鲜艳起来。红墙与黄色琉璃瓦的组合无疑是北京中轴线色彩的高潮。

把中轴线上主要建筑的色彩挑出来重新排在这里，这条线的序列感就更加明显了：

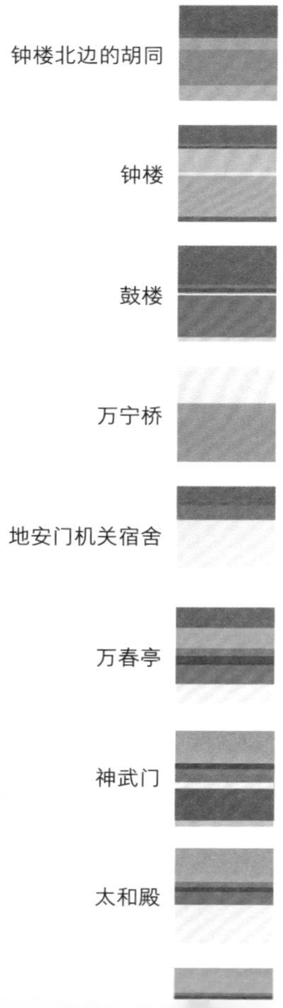

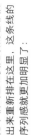

天安门广场周边的色彩自成一体，以石材的自然暖色为基调。

大栅栏的商业建筑出人意料地大量使用了绿色。

天坛、先农坛内传统建筑的蓝黑色琉璃瓦给人的感受与皇城的黄色琉璃瓦截然不同。

先农坛内外是中轴线沿线现代建筑最密集的区域，所以这一带的色彩也稍显杂乱。

注：部分图片由朱岩、刘拓拍摄并提供。

几种特别的中轴线色彩

有几种色彩在中轴线上经常出现，我们在这里详细看一看它们的含义和来源吧。

砖灰

传统建筑采用的黏土砖在还原气氛的炉窑中烧制，铁化合物还原成青灰色的 Fe_3O_4 和 FeO，从而烧得青灰色的砖。

宫墙红

传统的宫墙红抹灰采用红土、江米、白矾等原料，红浆中有效的显色成分是 Fe_2O_3。根据实测，故宫东华门墙体的 Lab 平均色度值为 41.6/21.9/9.85，比上面的红色方块暗淡许多。天安门因为地位特殊，有自己专用的涂料。

琉璃黄　琉璃蓝

根据封建礼制，黄色是帝王专用色，皇帝使用的建筑均铺设黄色琉璃瓦。黄釉色的 Lab 平均色度值为 52.8/15.12/36.61。

蓝色琉璃瓦则仅用于与隆重祭祀有关的建筑。Lab 平均色度值为 28.26/5.87/18.99。

8 号线绿

根据北京市地方标准，与中轴线重合的地铁 8 号线标识色的 CMYK 数值为 100/0/75/0。北京地铁线路标识色需要避免线路间（特别是换乘线路）过于靠色。这一原理使北京地铁出现了南北向线路多冷色、东西向线路多暖色的现象。

埋 藏

偶然的发现

这张图中展示的绝大多数考古发现都是随着工程建设而偶然产生的。比如，北二环沿线的很多文物就是在 20 世纪中叶拆除城墙时发现的。因此，这张图上的点位不代表地下文物的实际分布，在北京地下仍有无尽的秘密。

一般认为，北京的中轴线诞生于元朝，成熟于明清。因此，我们如今很难在北京的地面上看到元代之前人类留下的痕迹——它们都早已被埋藏在地下了。本图画出了北京中轴线沿线一些重要的考古发现。这些线索串联起了这条古老轴线的更古老的历史。

图例

战国埋藏

唐代埋藏

辽金埋藏

元代埋藏

北

0　1 千米

旧鼓楼大街西出土点　元代

拆除北城墙时，旧鼓楼大街以西发现了很多文物，其中距离路口 100 米的城墙填土中出土了浑圆铁锤。锤把刻字“浑圆鎚一对，重六十四斤”，但它的用途并不明了。

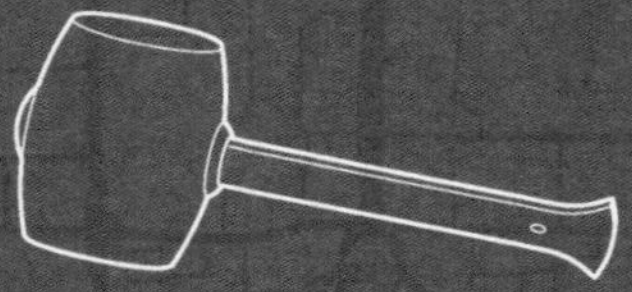
浑圆铁锤

在北京四周城墙的拆除过程中，北墙出土文物最多，因为明北京北城墙是压着元大都充分发展的一片城区兴建的。

旧鼓楼大街豁口瓷器窖藏　元代

1970 年在城墙的旧鼓楼大街豁口东的一处院落遗址里发现了一个瓷器窖藏，里面有 10 件精美的元代青花瓷，其中青花凤头扁壶由 48 块碎片修复而成，如今是首都博物馆的镇馆之宝。

青花凤头扁壶

西绦胡同居住遗址中出土了很多器物，以龙泉窑和磁州窑为主，其中磁州窑白地黑花鱼藻纹大盆花纹精美，现藏于首都博物馆。

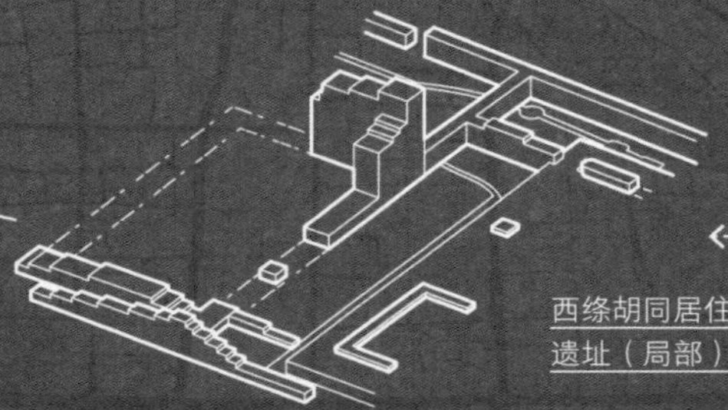
西绦胡同居住遗址（局部）

磁州窑白地黑花鱼藻纹大盆

石笔山

西绦胡同居住遗址　元代

这处元大都的住宅遗址也是包裹在北城墙里的，所以只保留了一个长条状的范围。遗址可见南、北、东三座建筑，南、北房都是面阔三间。残墙最高处有 3.1 米，地上的铺地、散水、水沟也都比较清晰，能让人想象出这栋住宅最初的样子。

宝钞胡同出土点　元代

1970 年，在宝钞胡同的鼓楼中学（今北京国际职业教育学校）发现了磁州窑白釉黄花凤纹大罐。

磁州窑白釉黄花凤纹大罐

道路遗迹　元代

在景山以北，经过钻探发现了一段南北向的道路遗迹，宽 28 米。它成为了判断元大都中轴线位置的证据。

玉河遗址　元代及以后

平安大街开通后，街北侧玉河的恢复也被提上日程，而河道恢复前首先要完成考古工作。在 2007 年的考古中，发现了通惠河堤岸遗址、东不压桥桥基、玉河庵建筑基址等遗存，很多被原址展示。

崔抱一与夫人崔氏墓　唐代

1995 年，在故宫西华门内地下文物库房建设工地发现了唐代崔抱一与夫人崔氏的墓志。志石现藏于北京市文

孙逵墓　唐代

1978 年，在北池子北口原北京证章厂出土了唐代孙逵的墓志。志石也藏于首都博物馆。

韩家潭遗址　战国

1972 年，在原韩家潭图书馆（答帚胡同 28 号）出土了 10 余枚刀币和 2 面饕餮纹半瓦当，是少有的在北京二环内发现的燕国遗物。

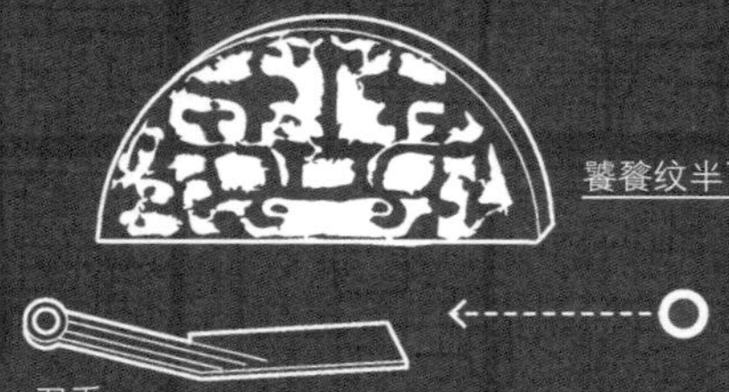

先农坛辽墓　辽代

根据形制和出土器物，1973 年在先农坛西南角发现的古墓被断定为一座辽墓。辽代盛行火葬，所以在这座墓棺床上的中心位置是一个存放骨灰的陶罐。

先农坛唐墓　唐代

1970 年，在先农坛内的东方红汽车修配厂（现南纬路 2 号院）发现了一座唐墓。墓内除一具骨架外，还有几件随葬的陶瓷器物。

先农坛金墓　金代

1973 年，在育才学校施工时发现了一座金代古墓。除了瓷器外，墓内还有很多金大定通宝。墓内没有骨架，但有骨灰，印证了金人火葬的习俗。

为什么元代之前的遗存都是墓葬？

右图画出了明、清之前北京一些朝代城址与中轴线的位置关系。可以看到，在元代之前，如今北京中轴线所在位置都位于城外的东郊，所以在这条线上的主要发现都是墓葬就不显得很奇怪了。

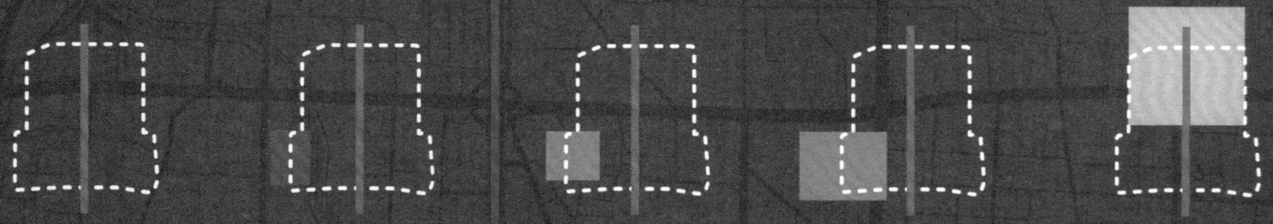

比 较

不只北京有中轴线——事实上，轴线在城市中是非常普遍的存在。当然，宏伟、居中，可以被称作中轴线的就没那么多了。在这两页里，我们按照同一比例绘制了古今中外七座城市的轴线。来比较一下它们的形态和构成元素有哪些异同。

图例　北
主要建筑
城墙
主要道路
主要水系
绿地
中轴线范围
城市范围（仅限有城墙的城市）
0　1千米

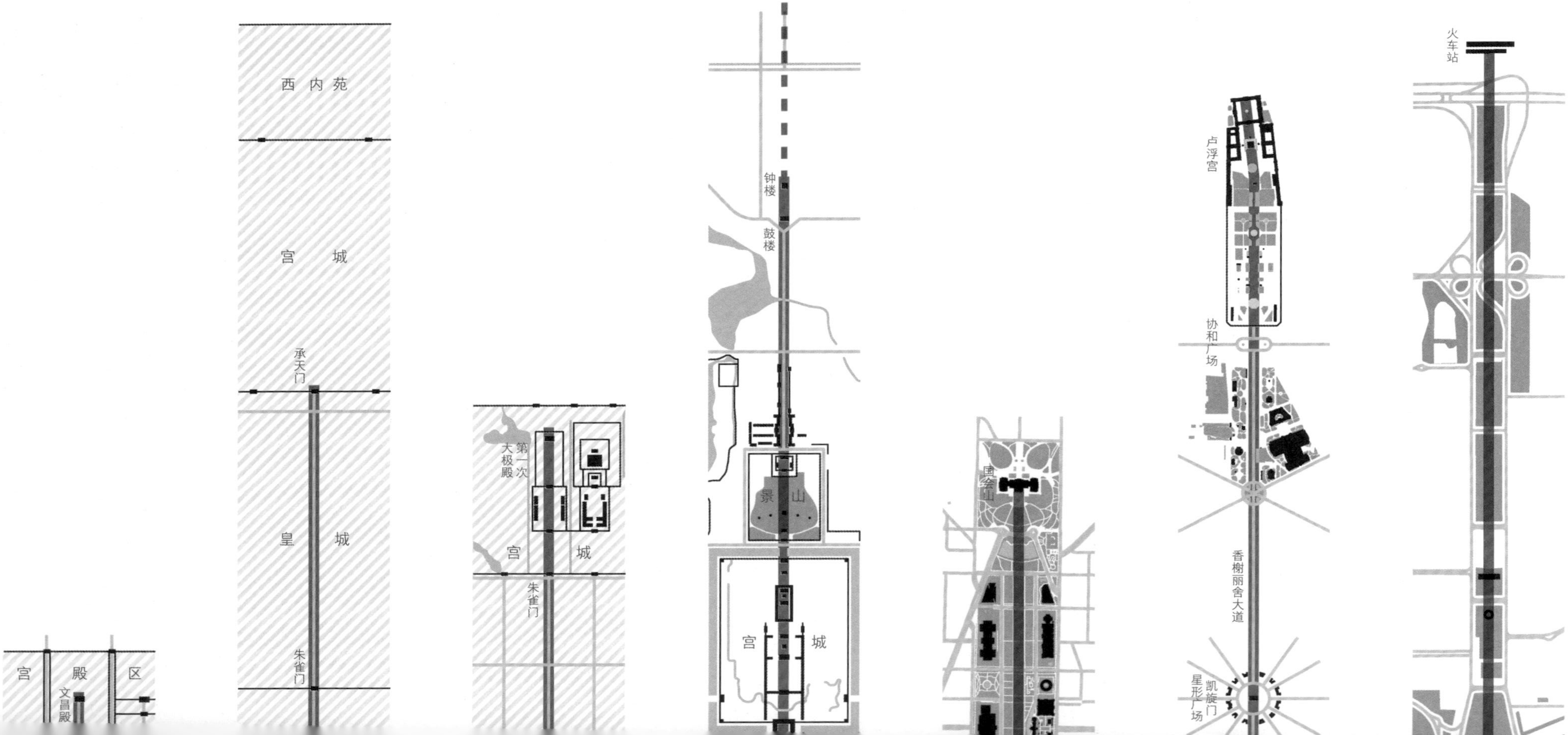

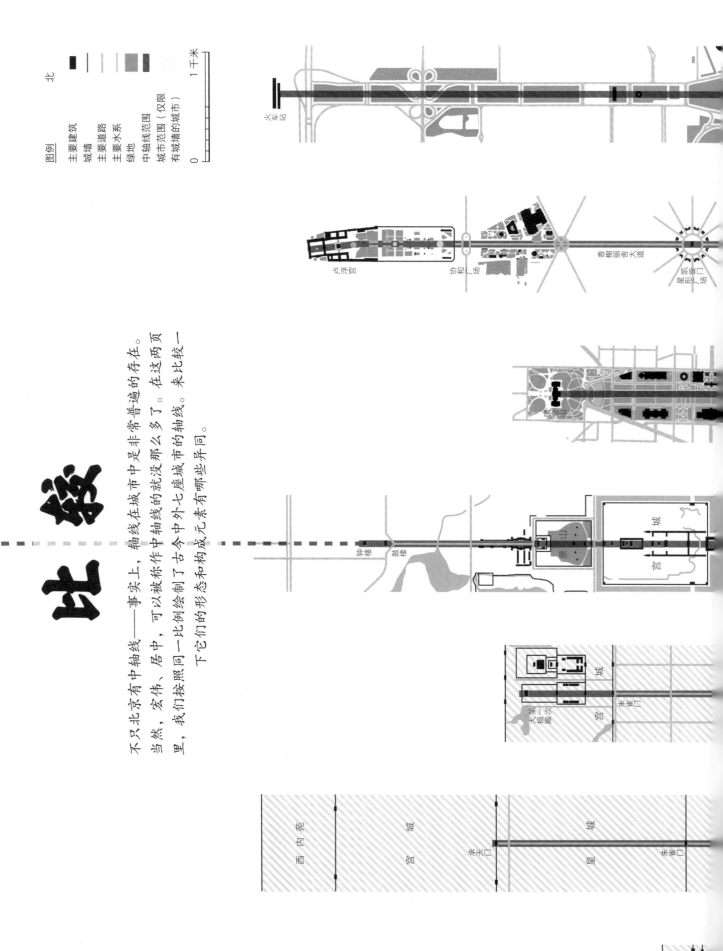

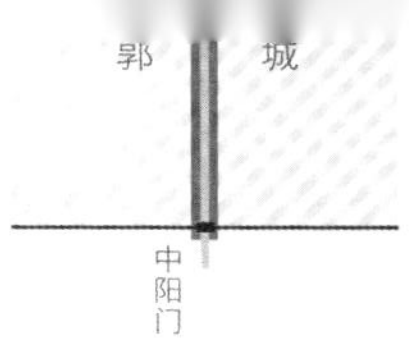

政治中心

无论古今中外，巨大、宏伟的城市轴线大多都出现在首都这样的政治中心——本图上的七条轴线都是如此。这是为什么呢？

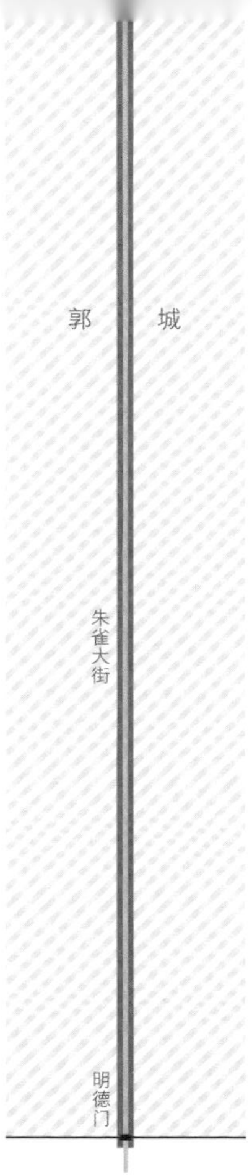

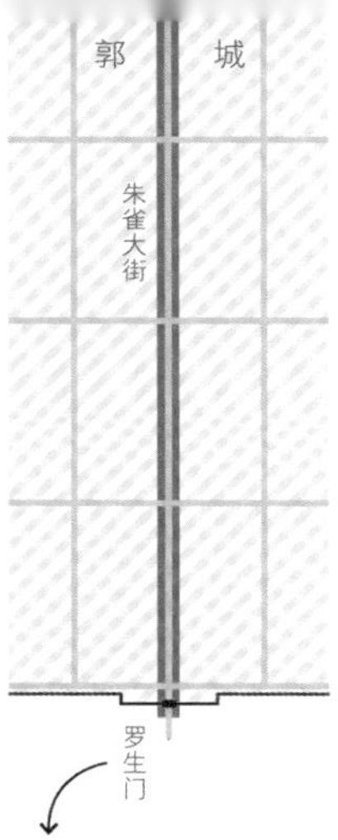

是的，“罗生门”最初真的是一座门

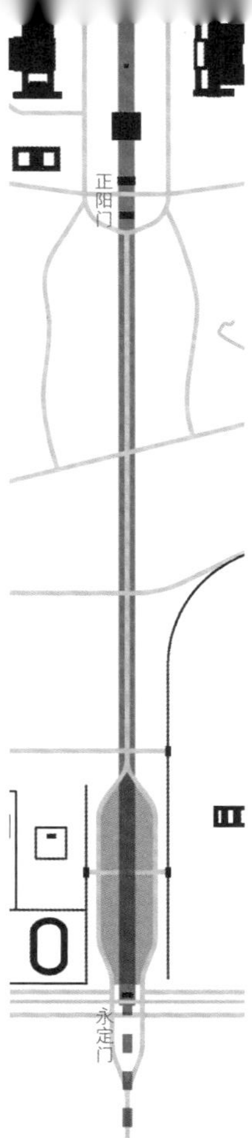

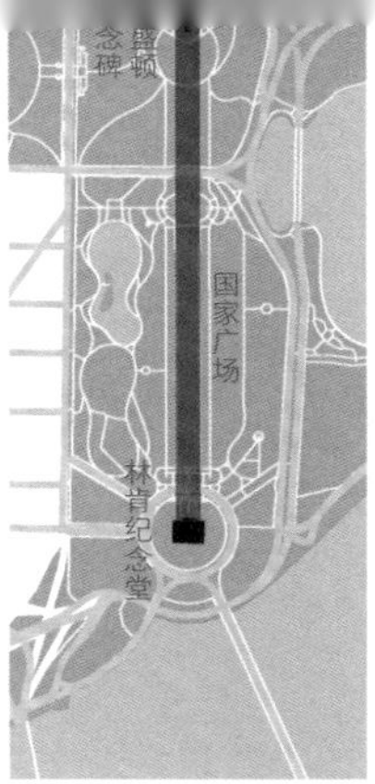

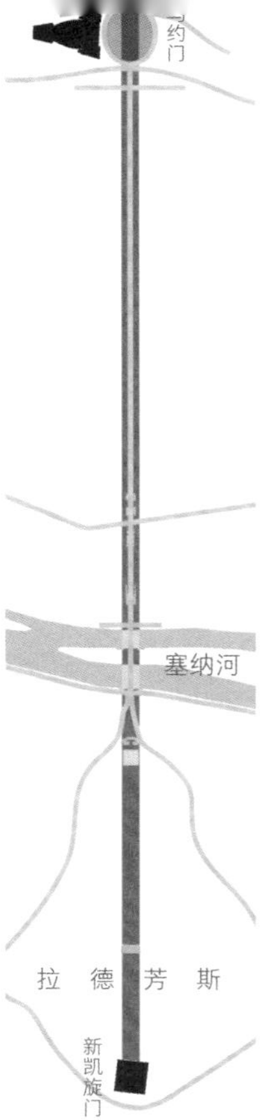

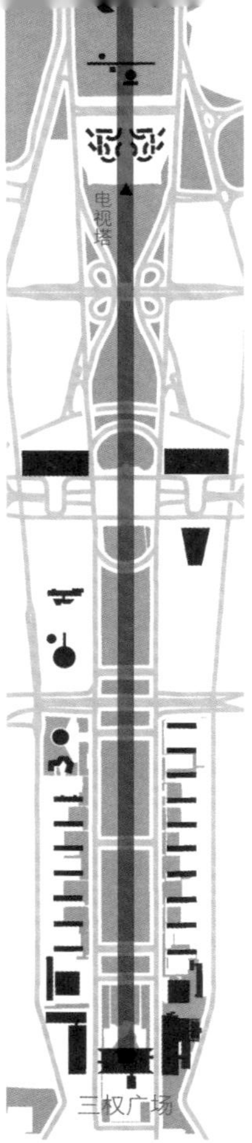

曹魏邺北城

3 世纪

中国的城市在很久以前就出现了轴线的雏形，但真正形成贯穿全城的中轴线，是在三国曹魏的王都——邺的北城。中轴线穿过城北宫殿区的文昌殿、端门、止车门等建筑，到达郭城，并沿着御街直抵南城墙的正门——中阳门。

隋大兴 / 唐长安

7 世纪

与曹魏邺北城格局类似，隋大兴 / 唐长安城的中轴线也从城市北端的宫殿开始一路向南延伸，但它显然发展得更加宏伟和规整了。整座城市都以这条线为轴，几乎严格地对称，而中轴线上的朱雀大街也宽达 150 米，比如今北京的长安街还要宽。

平城京

8 世纪

平城京位于今天的奈良市西郊，是公元 710 年至 784 年之间日本的王都。它受唐长安城市规划的影响非常明显，从整体格局到一些具体的地名，都沿袭自唐长安。如今平城京轴线的南段已经湮灭在农田中，很难辨认了。

北京

15 世纪

很多东亚古都的中轴线都在历史的长河中消失了，这使北京的中轴线显得更加珍贵。与曹魏邺北城、唐长安城和平城京的中轴线相比，北京中轴线还有一处明显的不同，就是它的宫城并不在轴线一端，而是在中间。

华盛顿

18 世纪

在法国规划师朗方所做的规划中，华盛顿的中轴线由城市地势最高点——詹金斯山顶（现在这里被称为国会山）引出，向西直达河边。这条轴线几乎完全掩映在巨大的草地中，它两侧密集分布的博物馆进一步使它成为一条非常适合游览的中轴线。

巴黎

17—20 世纪

巴黎主轴线和北京中轴线一样，经历了多次改造和延长，其中比较重要的有 19 世纪奥斯曼延长轴线至星形广场并修建凯旋门，以及 20 世纪 30 年代将轴线自马约门延长至拉德芳斯。但巴洛克城市标志性的放射性道路与东亚古都的方正路网截然不同。

巴西利亚

20 世纪

规划于 20 世纪中叶的巴西首都的中轴线在方方面面都显示着它的现代性。火车站、电视塔等现代功能替代了宫殿和城门，而宽阔的快速路和盘曲的立交桥也说明这是为汽车准备的城市。“二战”后很多新规划的城市都有类似的中轴线。

延伸

从元大都建立到明嘉靖年间建造外城，北京中轴线延伸了两次，之后便定格长达四百多年。在 20 世纪后半叶，随着城市扩张和一系列大事件，中轴线得以一次又一次地延伸。现在它的实际长度已经是传统中轴线的十几倍了。

图例 北

传统中轴线

中轴线延长线

0 5 千米

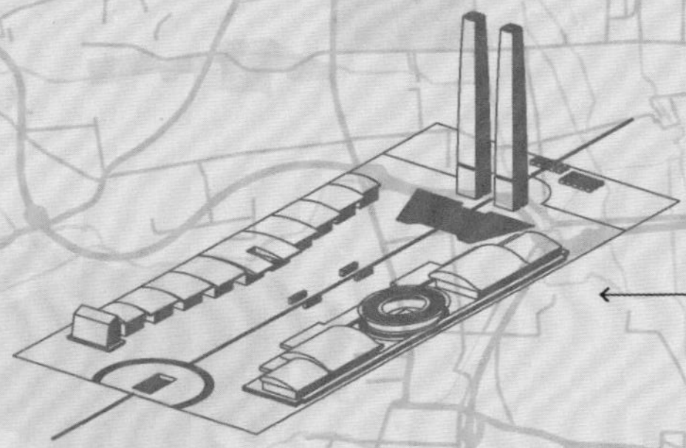

在 2001 年申奥时提交的方案中，奥林匹克公园的地标是两座 500 米的高塔。已经习惯了逛“奥森”的我们或许很难想象若是这一版中轴线北端点实现出来的样子。

2016

中轴线再次向北延伸

在 2016 年版的城市总体规划中，首次提到将中轴线向北延伸至燕山山脉。

2002

用什么作为中轴线的北端点?

申奥成功后，北京组织了奥林匹克公园方案征集。以龙形水系为标志的方案获胜。它并没有在中轴线上放置建筑，而是将中轴线收束在山水之间。后来的实施中，在奥林匹克森林公园人工堆砌了仰山，作为中轴线的北端点。

2008

在中轴线上举办的奥运会

当蔡国强创作的烟花“大脚印”沿着中轴线从永定门一路“走”到鸟巢上空时，中轴线古今传承的象征意味达到了顶峰。尽管奥林匹克公园的赛后利用并非一帆风顺，但 2008 年奥运会无疑是北京中轴线，乃至北京城市发展史上的重要一页。

2000

奥运会选址北中轴

建造亚运场馆时，便已经在它的北边为将来举办奥运会预留了大片土地（原计划紧接着举办 2000 年奥运会，但第一次申奥失败了）。2000 年准备再次申奥时，主要在北部奥体中心和南部亦庄之间选址。最终还是因为既有设施完善而选择了北部。

熊猫环岛的这座熊猫雕塑为亚运会前四川省赠送，2005 年因为奥运会城市建设而拆除。

1982

北郊规划体育用地

1982 年国务院批复的《北京城市建设总体规划方案》中，在当时北郊的土城以北、四环路以南地区规划了一大块体育运动场地，这里后来成了 1990 年北京亚运会主会场。

1990

在中轴线上举办的亚运会

1990 年，亚运会在北京举办。运动场馆和亚运村的建设带动了城市北部发展。比如，北四环的建成比四环全线贯通早了十余年。由此产生的北城的发展优势至今仍然可见。

1989

鼓楼外大街穿过总政大院

总政大院坐落在中轴线北延长线上，使道路难以从老城延伸到亚运会场地，甚至一度提出道路下穿的方案。在多方努力下，道路最终还是将总政大院一分为二。“北中轴路”的修建也成为元大都兴建以来中轴线第一次向北延伸。

20 世纪 50 年代 至 21 世纪初

钟楼以北是否打通?

作为传统中轴线的北端点，钟楼和北二环之间还有约 700 米的胡同片区，从 20 世纪 50 年代起，曾有无数规划设计方案提出把这段空间用道路打通。但在 2016 年北京新版总体规划强调老城中不再拆除胡同四合院后，这种说法就销声匿迹了。

35 千米 30 千米 25 千米 20 千米 15 千米 10 千米 5 千米 0

如何阅读这一章？

顺时针旋转
90°阅读

这条曲折的红线表示中轴线，你可以在脑海中把它拉直。拉直后它的上为北，下为南，左为西，右为东。建筑物则按照其真实位置沿红线分布。

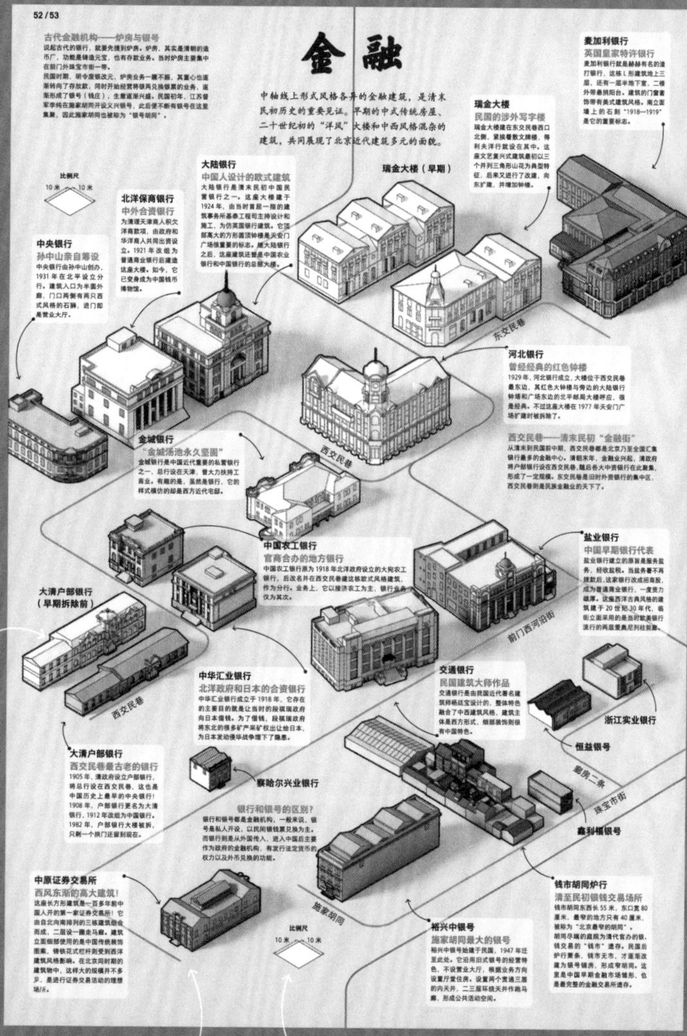

现存的建筑是彩色的，已经消失的建筑则是纯白的。你由此可以读出一些建筑被改造的历程。

灰色的线表示中轴线两侧的道路。

每张图上的所有建筑都是按同一比例绘制的，比例可参见图中的比例尺。

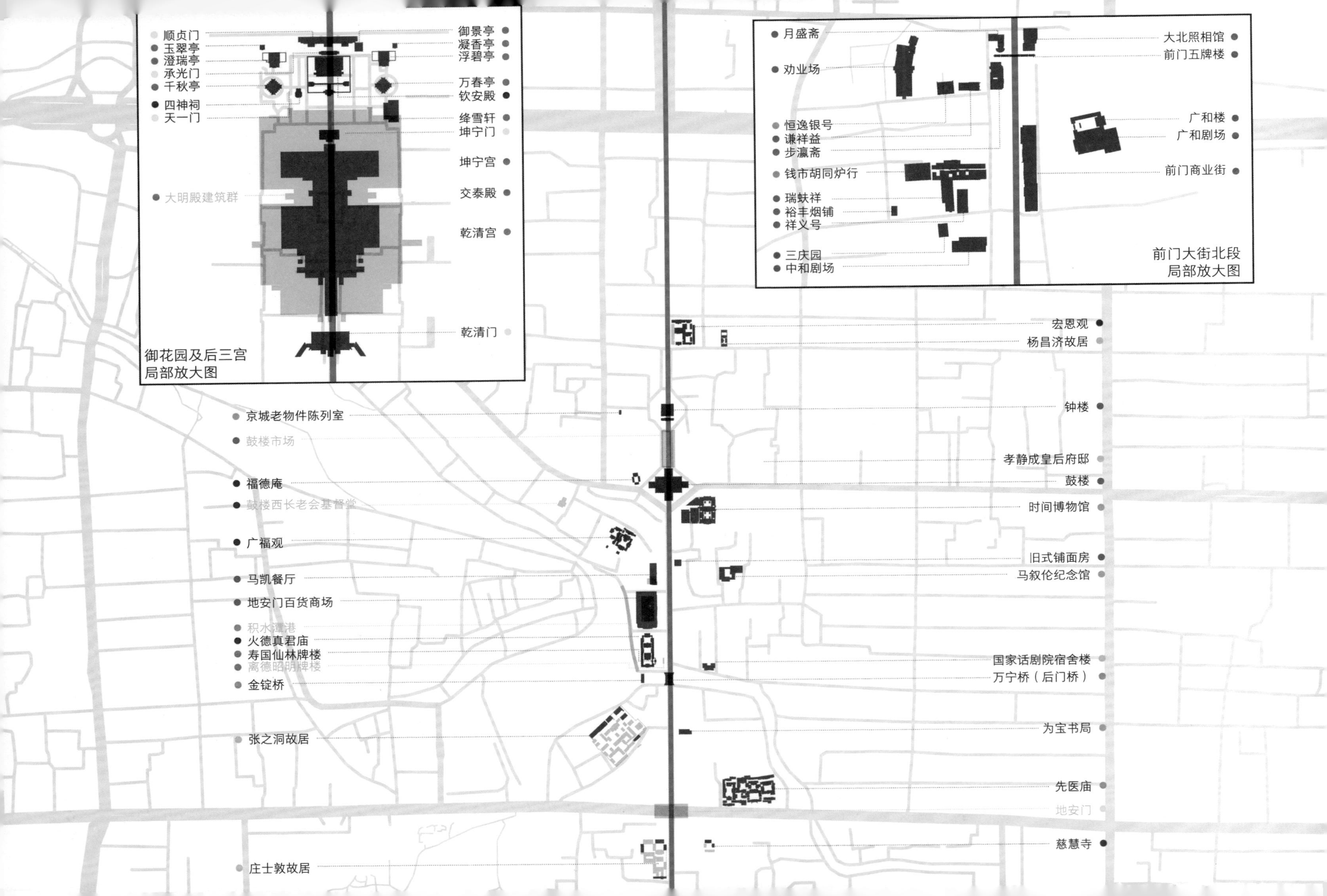

顺贞门
玉翠亭
澄瑞亭
承光门
千秋亭
四神祠
天一门
御景亭
凝香亭
浮碧亭
万春亭
钦安殿
绛雪轩
坤宁门
坤宁宫
交泰殿
乾清宫
大明殿建筑群
乾清门
御花园及后三宫
局部放大图
月盛斋
劝业场
恒逸银号
谦祥益
步瀛斋
钱市胡同炉行
瑞蚨祥
裕丰烟铺
祥义号
三庆园
中和剧场
大北照相馆
前门五牌楼
广和楼
广和剧场
前门商业街
前门大街北段
局部放大图
宏恩观
杨昌济故居
钟楼
孝静成皇后府邸
鼓楼
时间博物馆
旧式铺面房
马叙伦纪念馆
国家话剧院宿舍楼
万宁桥（后门桥）
为宝书局
先医庙
地安门
慈慧寺
京城老物件陈列室
鼓楼市场
福德庵
鼓楼西长老会基督堂
广福观
马凯餐厅
地安门百货商场
积水潭港
火德真君庙
寿国仙林牌楼
离德昭明牌楼
金锭桥
张之洞故居
庄士敦故居

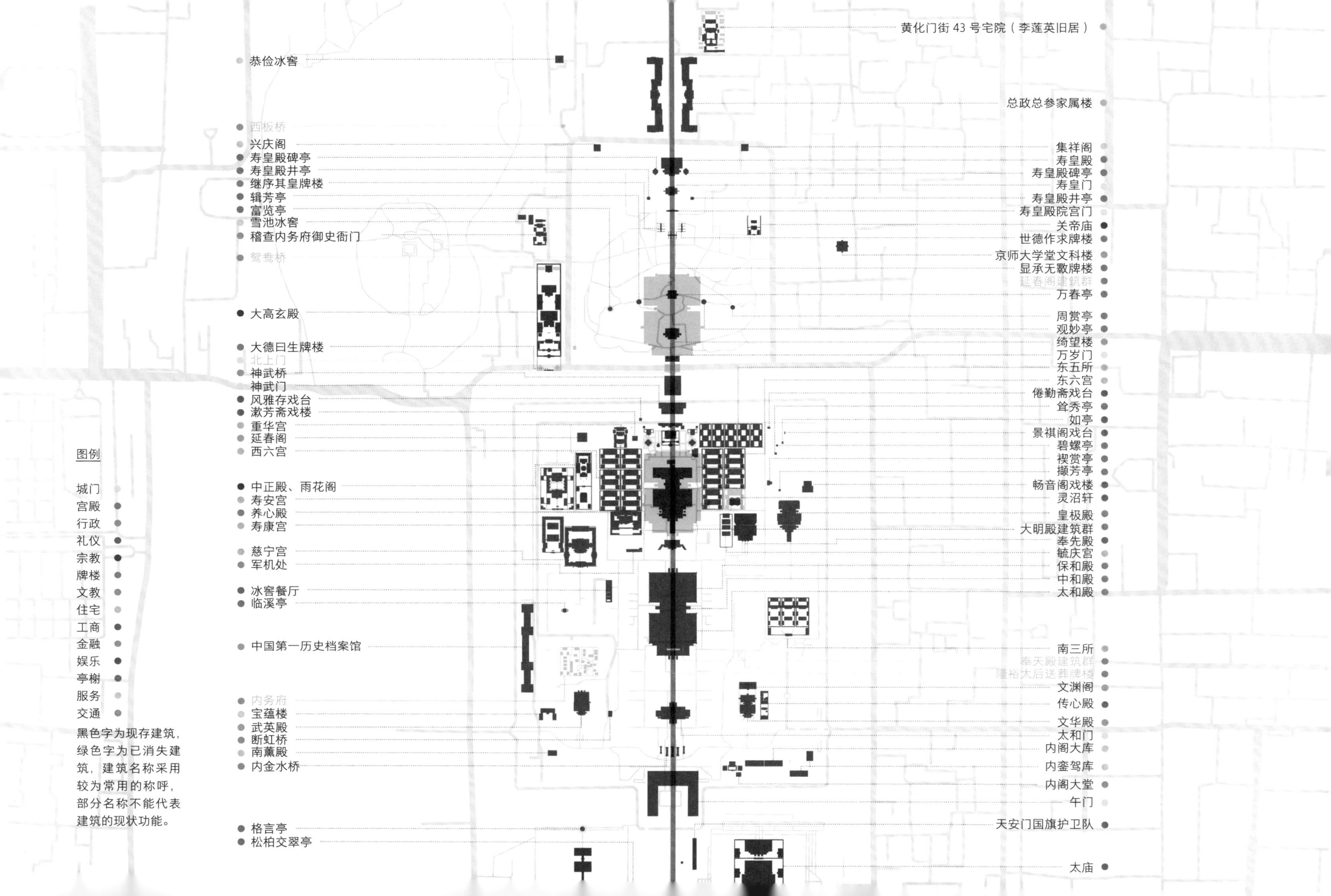
黄化门街 43 号宅院（李莲英旧居）
恭俭冰窖
总政总参家属楼
西板桥
兴庆阁
寿皇殿碑亭
寿皇殿井亭
继序其皇牌楼
辑芳亭
富览亭
雪池冰窖
稽查内务府御史衙门
鸳鸯桥
集祥阁
寿皇殿
寿皇殿碑亭
寿皇门
寿皇殿井亭
寿皇殿院宫门
关帝庙
世德作求牌楼
京师大学堂文科楼
显承无斁牌楼
延春阁建筑群
万春亭
大高玄殿
周赏亭
观妙亭
绮望楼
万岁门
东五所
东六宫
大德曰生牌楼
北上门
神武桥
神武门
风雅存戏台
漱芳斋戏楼
重华宫
延春阁
西六宫
倦勤斋戏台
耸秀亭
如亭
景祺阁戏台
碧螺亭
禊赏亭
撷芳亭
畅音阁戏楼
灵沼轩
中正殿、雨花阁
寿安宫
养心殿
寿康宫
皇极殿
大明殿建筑群
奉先殿
毓庆宫
慈宁宫
军机处
保和殿
中和殿
太和殿
冰窖餐厅
临溪亭
中国第一历史档案馆
南三所
奉天殿建筑群
隆裕太后送葬牌楼
文渊阁
传心殿
内务府
宝蕴楼
武英殿
断虹桥
南薰殿
内金水桥
文华殿
太和门
内阁大库
内銮驾库
内阁大堂
午门
天安门国旗护卫队
格言亭
松柏交翠亭
太庙
图例
城门
宫殿
行政
礼仪
宗教
牌楼
文教
住宅
工商
金融
娱乐
亭榭
服务
交通
黑色字为现存建筑，绿色字为已消失建筑，建筑名称采用较为常用的称呼，部分名称不能代表建筑的现状功能。

1993

较早提到中轴线南延长线设想的是侯仁之先生。他曾建议中轴线南延长线要体现城市“南大门”的形象，这一提议也被正式写进了 1993 年版的城市总体规划。尽管“南大门”似乎有些模糊，但近 30 年后大兴国际机场的落成却使它成了现实。

20 世纪 80 年代至 21 世纪初

南苑地区作为北京南中轴的端点

很长一段时间北京的城市规划方案里，都涉及了中轴线南延，也不约而同地将南苑地区作为轴线南端点，甚至在 2003 年完成了详细的城市设计。不过，南苑地区的发展始终不及预期，直到 2016 年新版《北京市城市总体规划》发布，才迎来了新的契机。

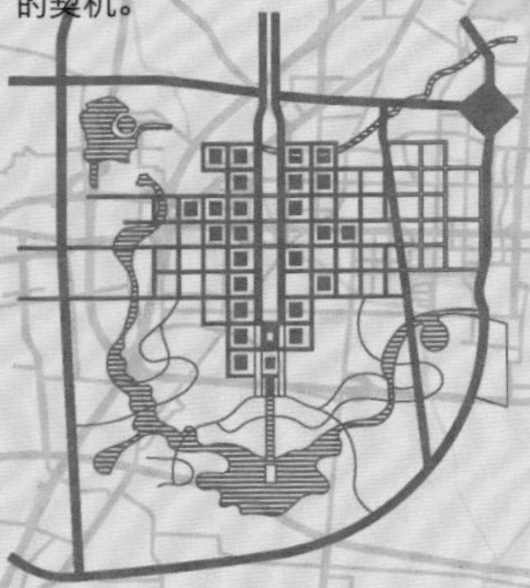

2003 年中轴线城市设计南苑节点的方案中，也有一处龙形水系，似乎是对奥林匹克公园的呼应。

2017

南苑森林湿地公园被提出

“南郊生态公园”的概念在2004 年版的《北京市城市总体规划》中就有所提及，2017 年“南苑森林湿地公园”则被正式提出，并在 2019 年开始建设。按计划全部完成后，总面积将达到 1.6 万亩，是纽约中央公园的 3 倍大。

2016

中轴线再次向南延伸

在 2016 年版的《北京市城市总体规划》中，首次提到将中轴线向南延伸至北京新机场和永定河水系。

2019

各国建筑师为大兴机场航站楼构思了很多方案——其实也就是中轴线延长线在南端如何收尾的方案。

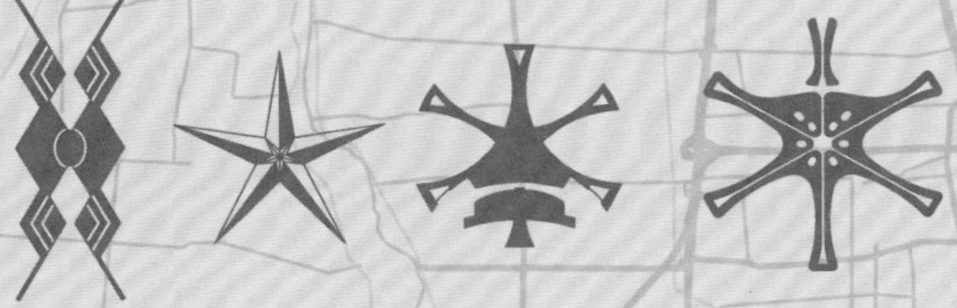

一些最终被淘汰的方案

最终实现的方案

北京大兴国际机场落成

2019 年落成的北京大兴国际机场严格地落在北京中轴线的南延长线上。在机场四层的 E 值机岛上有一处标记中轴线位置的雕塑，帮助旅客们感受中轴线的存在。值得一提的是，机场航站楼和跑道的朝向与中轴线并不重合，而是有 4° 的倾斜。

什么促成了中轴线的延伸？

在嘉靖年间完成北京外城建造后的几百年里，北京城都没有被“填满”过，在外城一直有着大量的空地，这在一定程度上意味着中轴线也没有延长的客观动力。但从 20 世纪 80 年代起，北京的发展急剧提速，中轴线也随着城市扩张而一步步延伸。其中，向北的延伸借助亚运会、奥运会两次大事件上了快车道，而向南的延伸缺少借力，仅靠城市自然发展的动力，就显得慢了一些。不过，随着大兴国际机场落成和一系列利好政策的颁布，未来的南中轴足够令人期待。

5 千米 10 千米 15 千米 20 千米 25 千米 30 千米 35 千米 40 千米

城门

中轴线上数量最多的建筑类型是什么？是城门！这似乎有点不可思议，不过换个角度来想，正是有了一层层、一重重城门的包裹，才造就了中轴线如此宏伟鲜明的序列。

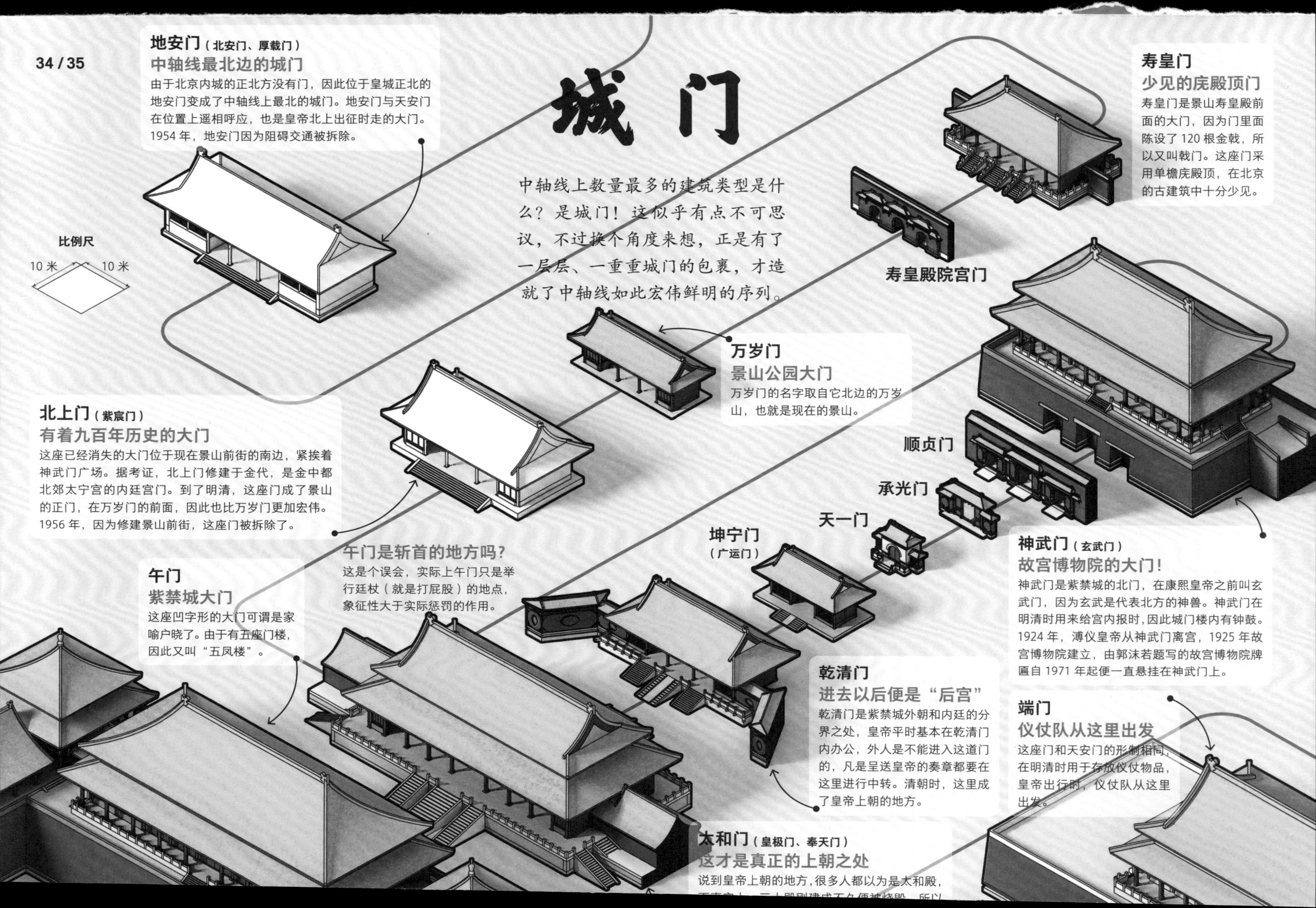

地安门（北安门、厚载门）

中轴线最北边的城门

由于北京内城的正北方没有门，因此位于皇城正北的地安门变成了中轴线上最北的城门。地安门与天安门在位置上遥相呼应，也是皇帝北上出征时走的大门。1954 年，地安门因为阻碍交通被拆除。

寿皇门

少见的庑殿顶门

寿皇门是景山寿皇殿前面的大门，因为门里面陈设了 120 根金戟，所以又叫戟门。这座门采用单檐庑殿顶，在北京的古建筑中十分少见。

万岁门

景山公园大门

万岁门的名字取自它北边的万岁山，也就是现在的景山。

北上门（紫宸门）

有着九百年历史的大门

这座已经消失的大门位于现在景山前街的南边，紧挨着神武门广场。据考证，北上门修建于金代，是金中都北郊太宁宫的内廷宫门。到了明清，这座门成了景山的正门，在万岁门的前面，因此也比万岁门更加宏伟。1956 年，因为修建景山前街，这座门被拆除了。

午门是斩首的地方吗？

这是个误会，实际上午门只是举行廷杖（就是打屁股）的地点，象征性大于实际惩罚的作用。

午门

紫禁城大门

这座凹字形的大门可谓是家喻户晓了。由于有五座门楼，因此又叫"五凤楼"。

神武门（玄武门）

故宫博物院的大门！

神武门是紫禁城的北门，在康熙皇帝之前叫玄武门，因为玄武是代表北方的神兽。神武门在明清时用来给宫内报时，因此城门楼内有钟鼓。1924 年，溥仪皇帝从神武门离宫，1925 年故宫博物院建立，由郭沫若题写的故宫博物院牌匾自 1971 年起便一直悬挂在神武门上。

乾清门

进去以后便是"后宫"

乾清门是紫禁城外朝和内廷的分界之处，皇帝平时基本在乾清门内办公，外人是不能进入这道门的，凡是呈送皇帝的奏章都要在这里进行中转。清朝时，这里成了皇帝上朝的地方。

端门

仪仗队从这里出发

这座门和天安门的形制相同，在明清时用于存放仪仗物品，皇帝出行时，仪仗队从这里出发。

太和门（皇极门、奉天门）

这才是真正的上朝之处

说到皇帝上朝的地方，很多人都以为是太和殿，

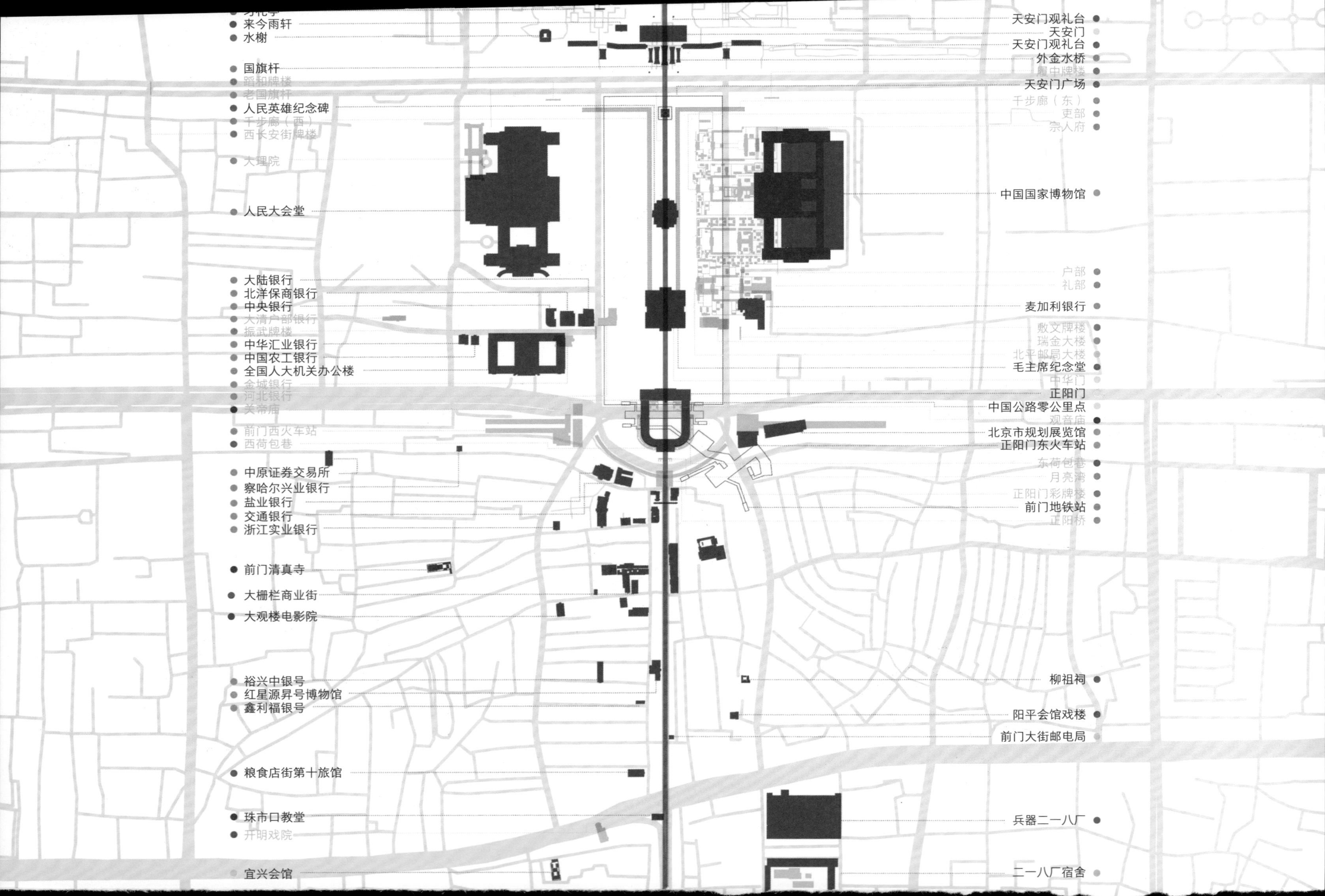

来今雨轩
水榭
国旗杆
蹈和牌楼
老国旗杆
人民英雄纪念碑
千步廊（西）
西长安街牌楼
大理院
人民大会堂
大陆银行
北洋保商银行
中央银行
大清户部银行
振武牌楼
中华汇业银行
中国农工银行
全国人大机关办公楼
金城银行
河北银行
关帝庙
前门西火车站
西荷包巷
中原证券交易所
察哈尔兴业银行
盐业银行
交通银行
浙江实业银行
前门清真寺
大栅栏商业街
大观楼电影院
裕兴中银号
红星源昇号博物馆
鑫利福银号
粮食店街第十旅馆
珠市口教堂
开明戏院
宜兴会馆
天安门观礼台
天安门
天安门观礼台
外金水桥
履中牌楼
天安门广场
千步廊（东）
吏部
宗人府
中国国家博物馆
户部
礼部
麦加利银行
敷文牌楼
瑞金大楼
北平邮局大楼
毛主席纪念堂
中华门
正阳门
中国公路零公里点
观音庙
北京市规划展览馆
正阳门东火车站
东荷包巷
月亮湾
正阳门彩牌楼
前门地铁站
正阳桥
柳祖祠
阳平会馆戏楼
前门大街邮电局
兵器二一八厂
二一八厂宿舍

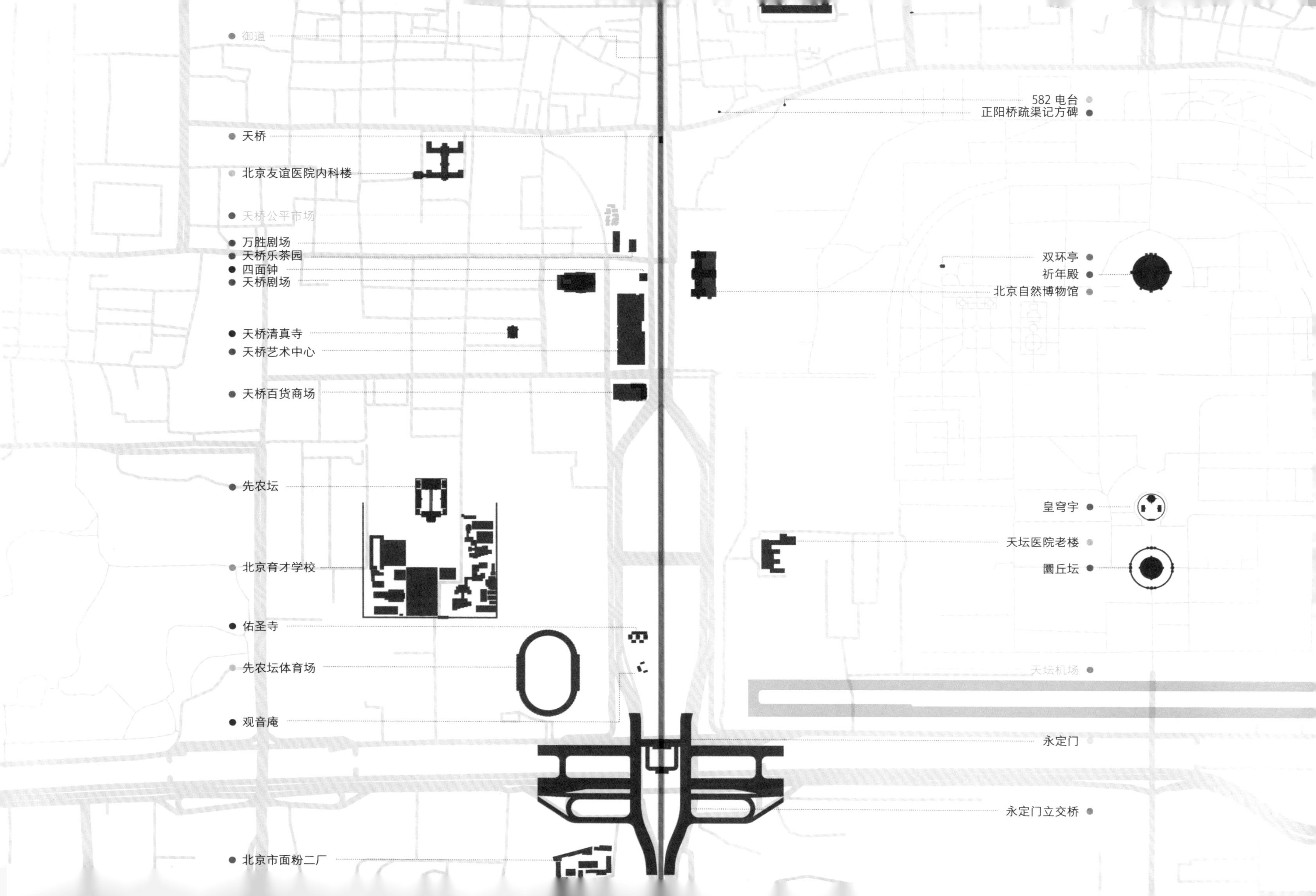
御道
天桥
北京友谊医院内科楼
天桥公平市场
万胜剧场
天桥乐茶园
四面钟
天桥剧场
天桥清真寺
天桥艺术中心
天桥百货商场
先农坛
北京育才学校
佑圣寺
先农坛体育场
观音庵
北京市面粉二厂
582 电台
正阳桥疏渠记方碑
双环亭
祈年殿
北京自然博物馆
皇穹宇
天坛医院老楼
圜丘坛
天坛机场
永定门
永定门立交桥

2

中轴线上的建筑

在这一章中，我们将关注组成这条中轴线最重要的要素——建筑。中轴线及其沿线范围内现存及曾经存在过的 250 余座建筑（群）及构筑物将会在本章中依次呈现。在阅读本章之前，你可能会以为中轴线不过是一些古代建筑的集合，但本章内容将会大大颠覆你的认知！中轴线上的建筑实在是太丰富了，几乎涵盖了从古至今所有的建筑种类，丰富程度令人难以想象，其中包含很多北京第一、中国第一甚至是世界第一，俨然就是一座建筑的博物馆！

本章将围绕 14 个关键词展开：
城门、宫殿、行政、礼仪、宗教、牌楼、文教、住宅、工商、金融、娱乐、亭榭、服务、交通。

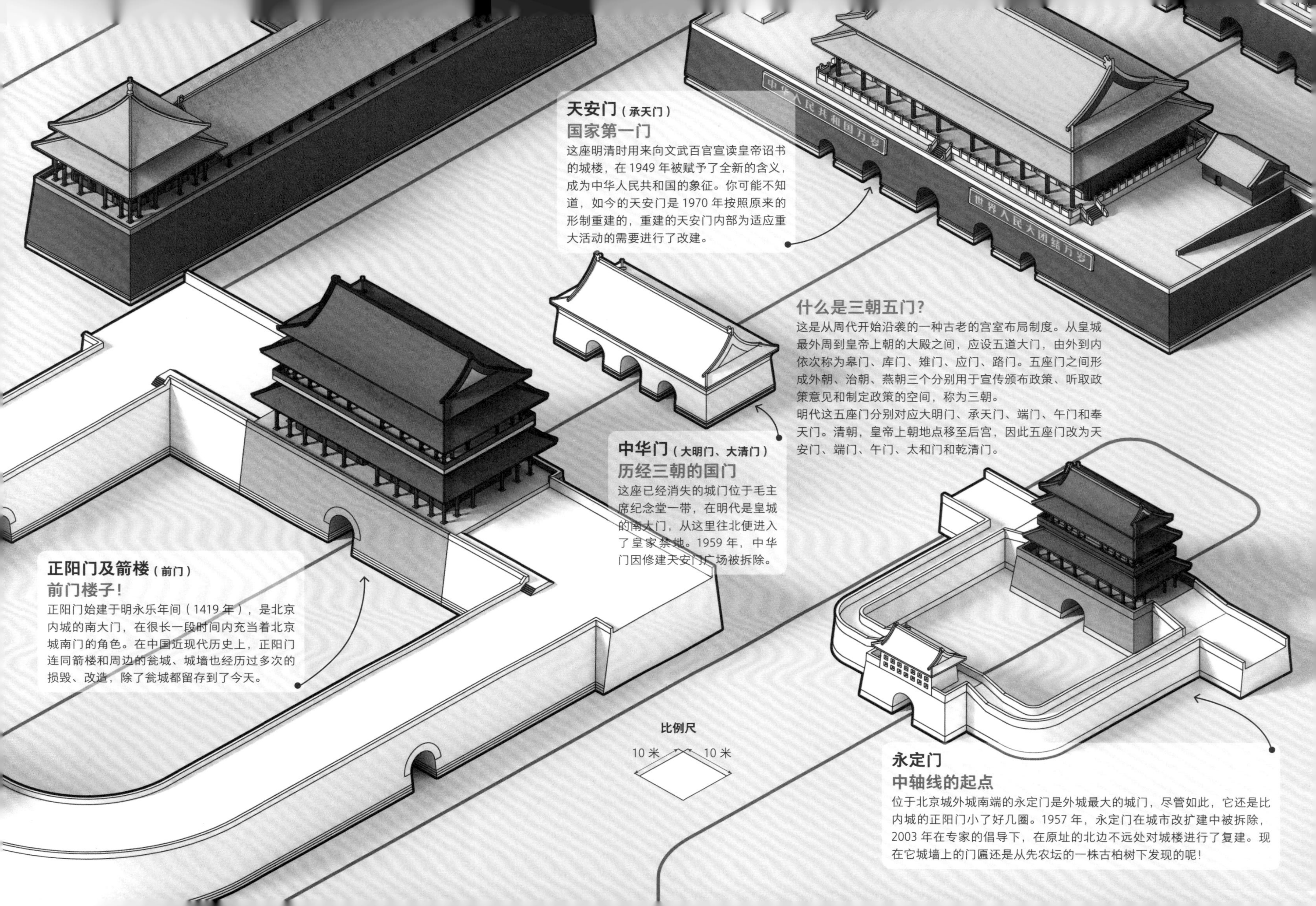

天安门（承天门）

国家第一门

这座明清时用来向文武百官宣读皇帝诏书的城楼，在 1949 年被赋予了全新的含义，成为中华人民共和国的象征。你可能不知道，如今的天安门是 1970 年按照原来的形制重建的，重建的天安门内部为适应重大活动的需要进行了改建。

什么是三朝五门？

这是从周代开始沿袭的一种古老的宫室布局制度。从皇城最外周到皇帝上朝的大殿之间，应设五道大门，由外到内依次称为皋门、库门、雉门、应门、路门。五座门之间形成外朝、治朝、燕朝三个分别用于宣传颁布政策、听取政策意见和制定政策的空间，称为三朝。

明代这五座门分别对应大明门、承天门、端门、午门和奉天门。清朝，皇帝上朝地点移至后宫，因此五座门改为天安门、端门、午门、太和门和乾清门。

中华门（大明门、大清门）

历经三朝的国门

这座已经消失的城门位于毛主席纪念堂一带，在明代是皇城的南大门，从这里往北便进入了皇家禁地。1959 年，中华门因修建天安门广场被拆除。

正阳门及箭楼（前门）

前门楼子！

正阳门始建于明永乐年间（1419 年），是北京内城的南大门，在很长一段时间内充当着北京城南门的角色。在中国近现代历史上，正阳门连同箭楼和周边的瓮城、城墙也经历过多次的损毁、改造，除了瓮城都留存到了今天。

永定门

中轴线的起点

位于北京城外城南端的永定门是外城最大的城门，尽管如此，它还是比内城的正阳门小了好几圈。1957 年，永定门在城市改扩建中被拆除，2003 年在专家的倡导下，在原址的北边不远处对城楼进行了复建。现在它城墙上的门匾还是从先农坛的一株古柏树下发现的呢！

宫殿

叠压的三朝宫殿群

目前主流的学术观点认为元、明、清三朝的核心宫殿群均坐落在同一条中轴线上（参见第 14 页“偏移”），它们真正的位置关系如下方小图所示。这里为了将每个朝代的宫殿表示清楚，才将它们分别画在了不同的线路上。

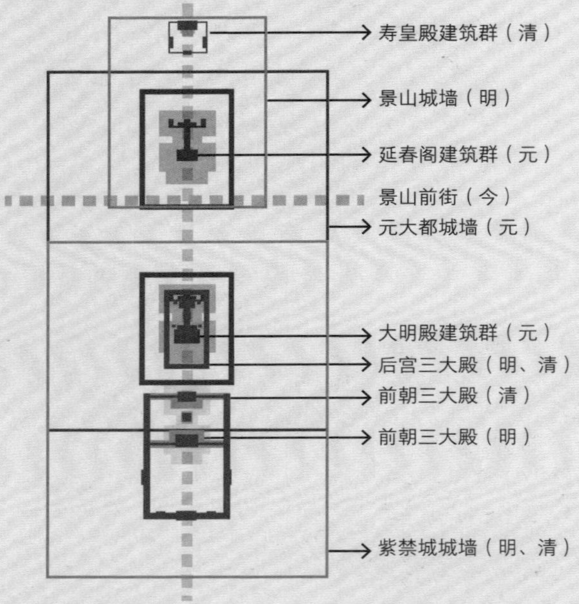

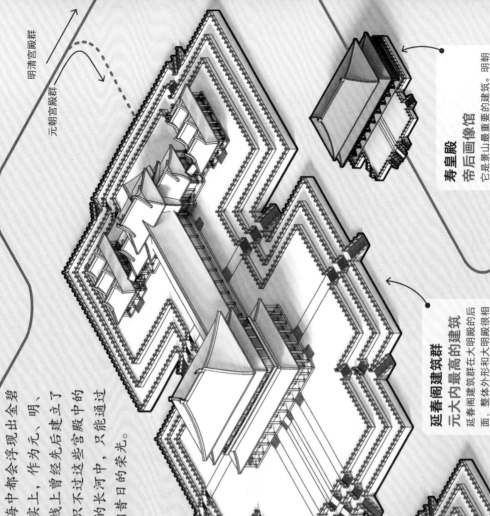

说到中轴线，大多数人脑海中都会浮现出金碧辉煌的紫禁城宫殿群。事实上，作为元、明、清三朝的皇家轴线，中轴线上曾经先后建立了三个朝代的雄伟宫殿群，只不过这些宫殿中的绝大部分已经消失在历史的长河中，只能通过假想复原图一窥它们昔日的荣光。

什么是宫殿？

按照通俗的定义，宫殿是帝王和后妃们朝会和居住的地方，所以说整个紫禁城都可以算是宫殿。不过，紫禁城里面的建筑功能太多样了，因此这两页中只表现了穿越中轴线的皇家建筑，以及皇帝和太上皇平时起居和处理朝政的院落。

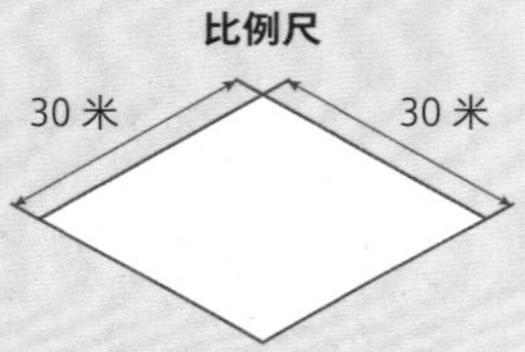

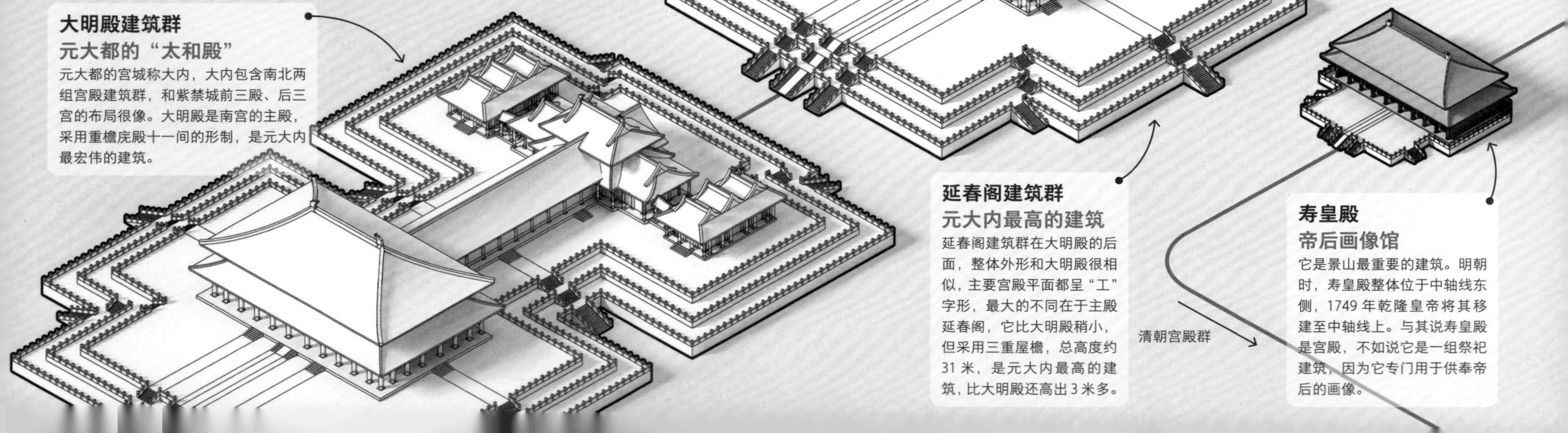

大明殿建筑群
元大都的“太和殿”

元大都的宫城称大内，大内包含南北两组宫殿建筑群，和紫禁城前三殿、后三宫的布局很像。大明殿是南宫的主殿，采用重檐庑殿十一间的形制，是元大内最宏伟的建筑。

延春阁建筑群
元大内最高的建筑

延春阁建筑群在大明殿的后面，整体外形和大明殿很相似，主要宫殿平面都呈“工”字形，最大的不同在于主殿延春阁，它比大明殿稍小，但采用三重屋檐，总高度约 31 米，是元大内最高的建筑，比大明殿还高出 3 米多。

寿皇殿
帝后画像馆

它是景山最重要的建筑。明朝时，寿皇殿整体位于中轴线东侧，1749 年乾隆皇帝将其移建至中轴线上。与其说寿皇殿是宫殿，不如说它是一组祭祀建筑，因为它专门用于供奉帝后的画像。

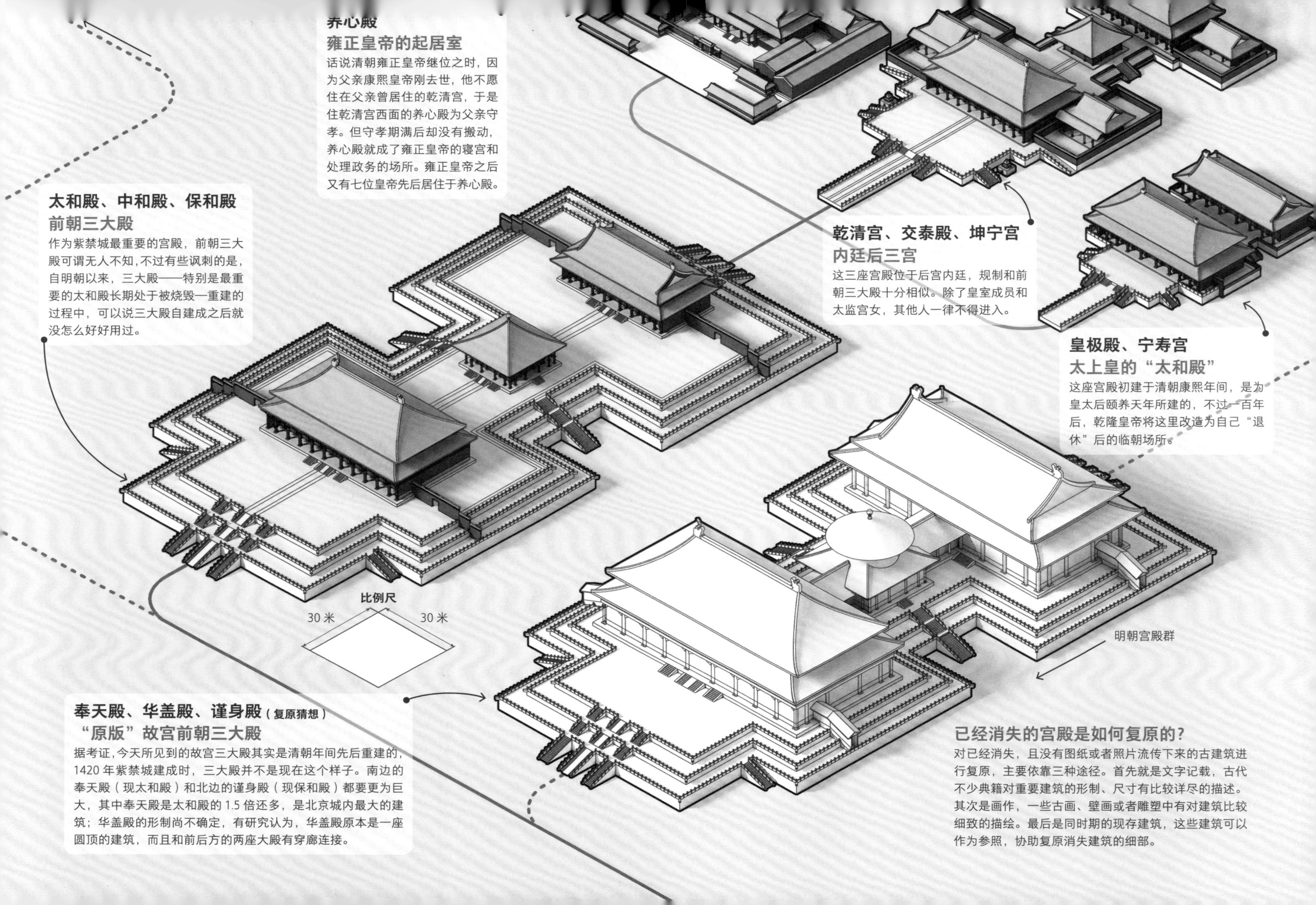

养心殿
雍正皇帝的起居室

话说清朝雍正皇帝继位之时，因为父亲康熙皇帝刚去世，他不愿住在父亲曾居住的乾清宫，于是住乾清宫西面的养心殿为父亲守孝。但守孝期满后却没有搬动，养心殿就成了雍正皇帝的寝宫和处理政务的场所。雍正皇帝之后又有七位皇帝先后居住于养心殿。

太和殿、中和殿、保和殿
前朝三大殿

作为紫禁城最重要的宫殿，前朝三大殿可谓无人不知，不过有些讽刺的是，自明朝以来，三大殿——特别是最重要的太和殿长期处于被烧毁—重建的过程中，可以说三大殿自建成之后就没怎么好好用过。

乾清宫、交泰殿、坤宁宫
内廷后三宫

这三座宫殿位于后宫内廷，规制和前朝三大殿十分相似。除了皇室成员和太监宫女，其他人一律不得进入。

皇极殿、宁寿宫
太上皇的“太和殿”

这座宫殿初建于清朝康熙年间，是为皇太后颐养天年所建的，不过一百年后，乾隆皇帝将这里改造为自己“退休”后的临朝场所。

奉天殿、华盖殿、谨身殿（复原猜想）
“原版”故宫前朝三大殿

据考证，今天所见到的故宫三大殿其实是清朝年间先后重建的，1420 年紫禁城建成时，三大殿并不是现在这个样子。南边的奉天殿（现太和殿）和北边的谨身殿（现保和殿）都要更为巨大，其中奉天殿是太和殿的 1.5 倍还多，是北京城内最大的建筑；华盖殿的形制尚不确定，有研究认为，华盖殿原本是一座圆顶的建筑，而且和前后方的两座大殿有穿廊连接。

已经消失的宫殿是如何复原的？

对已经消失，且没有图纸或者照片流传下来的古建筑进行复原，主要依靠三种途径。首先就是文字记载，古代不少典籍对重要建筑的形制、尺寸有比较详尽的描述。其次是画作，一些古画、壁画或者雕塑中有对建筑比较细致的描绘。最后是同时期的现存建筑，这些建筑可以作为参照，协助复原消失建筑的细部。

行政

作为三朝古都最重要的一条轴线，中轴线的政治意义无需多言。无数权力变更、外交事务在此发生。也正因此，从清朝的六部三司、民国的大理院，到今天的人民大会堂，从古至今，国家最重要的行政办公机构一直紧邻着这条轴线而设。

在古代，什么样的行政机构能设在故宫里？

很多人会认为故宫是明、清两代的国家行政机构，实际上，故宫只有一部分空间拥有行政功能，而能设在故宫内的行政机构也并不多。

按照中国古代“三朝”的行政空间布局规制，像六部这种国家的行政部门，一般都位于外朝，也就是天安门的外面。

治朝比外朝规格高，位于故宫内的太和门外。这里是大臣早上上朝的地方，因此设有上谕处、议事处等机构。此外，供内阁大学士（相当于宰相）办公的内阁大堂也设在太和门外。内务府是掌管宫内事务的部门，位于故宫侧路。清朝雍正年间设立的军机处位于太和门内，紧邻乾清门。军机处的参政程度极高，因此位置也更靠里。

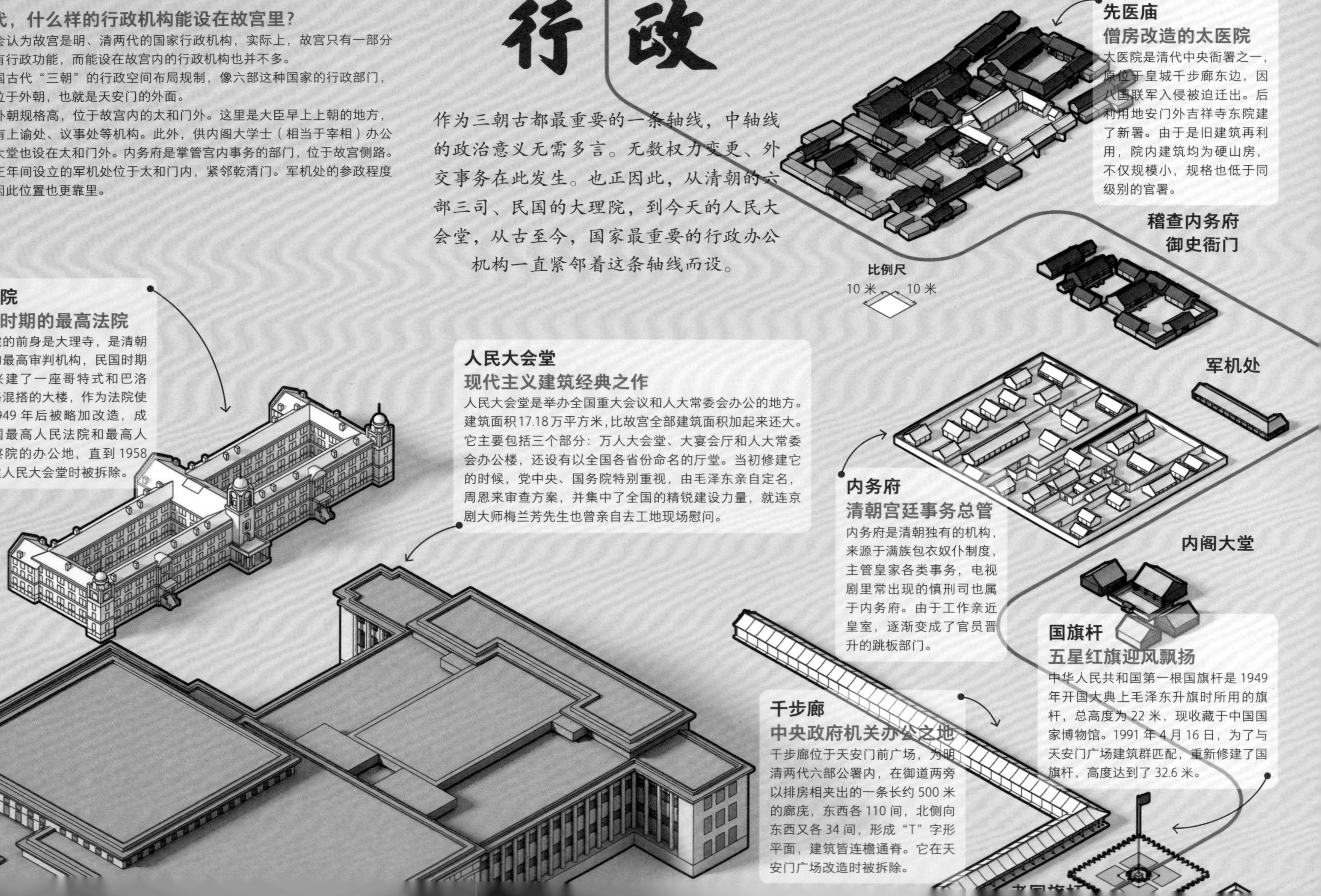

先医庙
僧房改造的太医院

太医院是清代中央衙署之一，原位于皇城千步廊东边，因八国联军入侵被迫迁出。后利用地安门外吉祥寺东院建了新署。由于是旧建筑再利用，院内建筑均为硬山房，不仅规模小，规格也低于同级别的官署。

大理院
民国时期的最高法院

大理院的前身是大理寺，是清朝成立的最高审判机构，民国时期在此兴建了一座哥特式和巴洛克风格混搭的大楼，作为法院使用，1949 年后被略加改造，成为中国最高人民法院和最高人民检察院的办公地，直到 1958 年修建人民大会堂时被拆除。

人民大会堂
现代主义建筑经典之作

人民大会堂是举办全国重大会议和人大常委会办公的地方。建筑面积17.18万平方米，比故宫全部建筑面积加起来还大。它主要包括三个部分：万人大会堂、大宴会厅和人大常委会办公楼，还设有以全国各省份命名的厅堂。当初修建它的时候，党中央、国务院特别重视，由毛泽东亲自定名，周恩来审查方案，并集中了全国的精锐建设力量，就连京剧大师梅兰芳先生也曾亲自去工地现场慰问。

内务府
清朝宫廷事务总管

内务府是清朝独有的机构，来源于满族包衣奴仆制度，主管皇家各类事务，电视剧里常出现的慎刑司也属于内务府。由于工作亲近皇室，逐渐变成了官员晋升的跳板部门。

国旗杆
五星红旗迎风飘扬

中华人民共和国第一根国旗杆是 1949 年开国大典上毛泽东升旗时所用的旗杆，总高度为 22 米，现收藏于中国国家博物馆。1991 年 4 月 16 日，为了与天安门广场建筑群匹配，重新修建了国旗杆，高度达到了 32.6 米。

千步廊
中央政府机关办公之地

千步廊位于天安门前广场，为明清两代六部公署内，在御道两旁以排房相夹出的一条长约 500 米的廊庑，东西各 110 间，北侧向东西又各 34 间，形成“T”字形平面，建筑皆连檐通脊。它在天安门广场改造时被拆除。

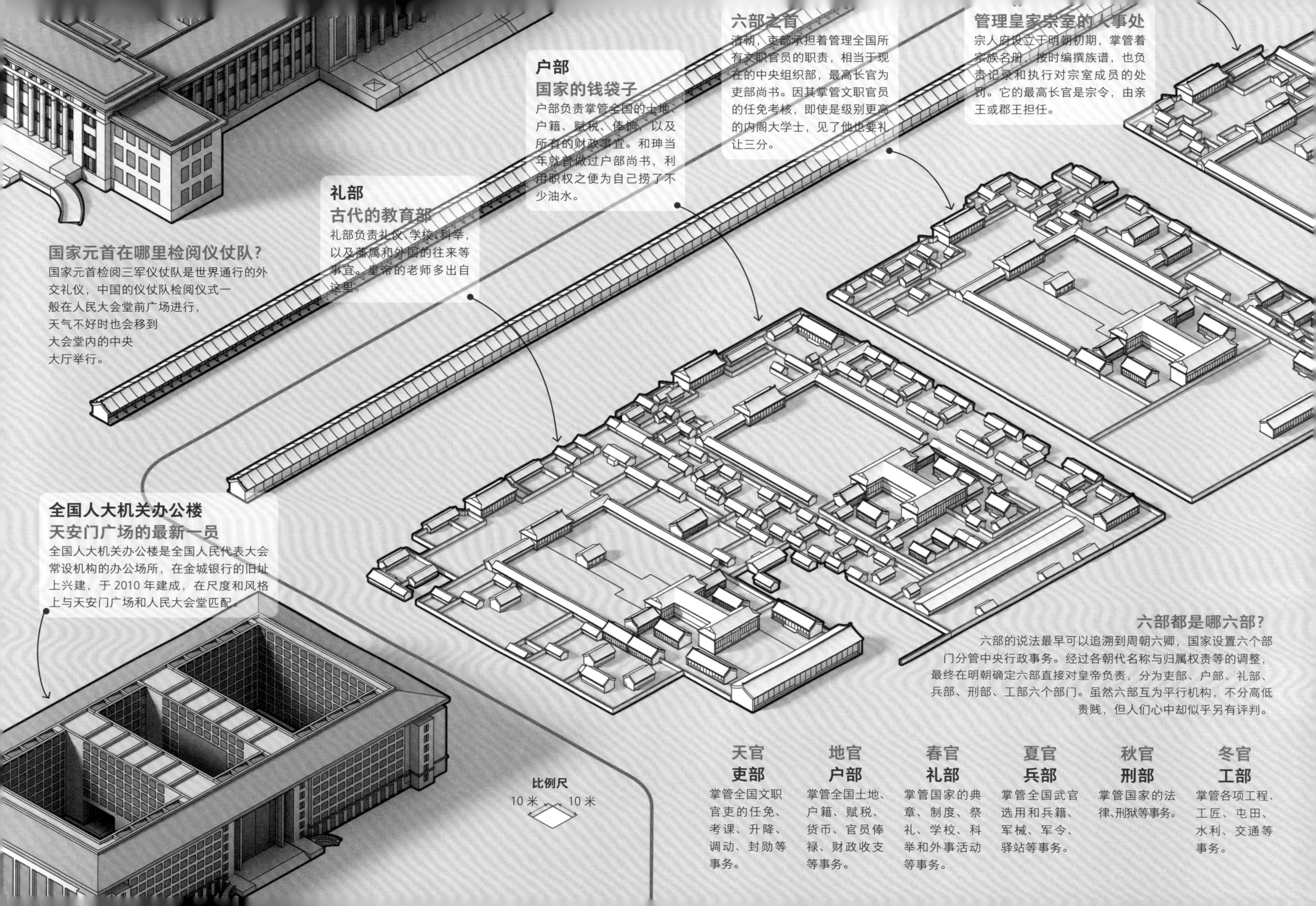

国家元首在哪里检阅仪仗队？

国家元首检阅三军仪仗队是世界通行的外交礼仪，中国的仪仗队检阅仪式一般在人民大会堂前广场进行，天气不好时也会移到大会堂内的中央大厅举行。

礼部
古代的教育部

礼部负责礼仪、学校、科举，以及藩属和外国的往来等事宜。皇帝的老师多出自这里。

户部
国家的钱袋子

户部负责掌管全国的土地、户籍、赋税、俸饷，以及所有的财政事宜。和珅当年就曾做过户部尚书，利用职权之便为自己捞了不少油水。

六部之首

清朝，吏部承担着管理全国所有文职官员的职责，相当于现在的中央组织部，最高长官为吏部尚书。因其掌管文职官员的任免考核，即使是级别更高的内阁大学士，见了他也要礼让三分。

管理皇家宗室的人事处

宗人府设立于明朝初期，掌管着宗族名册，按时编撰族谱，也负责记录和执行对宗室成员的处罚。它的最高长官是宗令，由亲王或郡王担任。

全国人大机关办公楼
天安门广场的最新一员

全国人大机关办公楼是全国人民代表大会常设机构的办公场所，在金城银行的旧址上兴建，于 2010 年建成，在尺度和风格上与天安门广场和人民大会堂匹配。

六部都是哪六部？

六部的说法最早可以追溯到周朝六卿，国家设置六个部门分管中央行政事务。经过各朝代名称与归属权责等的调整，最终在明朝确定六部直接对皇帝负责，分为吏部、户部、礼部、兵部、刑部、工部六个部门。虽然六部互为平行机构，不分高低贵贱，但人们心中却似乎另有评判。

天官 吏部
掌管全国文职官吏的任免、考课、升降、调动、封勋等事务。

地官 户部
掌管全国土地、户籍、赋税、货币、官员俸禄、财政收支等事务。

春官 礼部
掌管国家的典章、制度、祭礼、学校、科举和外事活动等事务。

夏官 兵部
掌管全国武官选用和兵籍、军械、军令、驿站等事务。

秋官 刑部
掌管国家的法律、刑狱等事务。

冬官 工部
掌管各项工程、工匠、屯田、水利、交通等事务。

礼仪

在中国的文化中，大到城市、建筑组群、坛庙、宫堂，小到门阙、台基、屋顶形式甚至装饰，都纳入礼的规制。中轴线本身就是礼的象征，在这里，不少建筑都承载着礼仪纪念的功能。

什么是九坛八庙？

老北京民间一直流传着“九坛八庙”的说法，所谓“九坛八庙”，是明清以来北京庙坛祭祀建筑的概称。其中“坛”是指祭坛，是用于祭祀神灵的高台。“庙”是指宗庙，指用于祭祀先祖的建筑。

九坛包括天坛（内含祈谷坛）、地坛、日坛、月坛、先农坛（内含太岁坛）、社稷坛和先蚕坛（位于北海内）。八庙包括太庙、奉先殿、传心殿（位于故宫内）、寿皇殿、雍和宫、堂子（已无存，现址为贵宾楼）、历代帝王庙和孔庙（也称文庙）。九坛八庙中有五座坛和四座庙都在中轴线沿线，足可见中轴线在礼仪祭祀方面的重要地位。

钟楼
悬挂“钟王”的建筑

北京钟楼是中轴线上最后一座，也是建筑单体高度最高的建筑。其正中立有八角形的钟架，悬挂的是中国现存体量最大、分量最重的古代铜钟，有“钟王”之称。

社稷坛
铺五色土的社稷坛

社稷坛建成于 1420 年，为明清两代祭祀土地神、五谷神祇的祭坛。社稷坛的位置是依《周礼·考工记》“左祖右社”的规定，置于皇宫之西。1925 年孙中山先生逝世后，在社稷坛停灵。三年后这里被命名为中山公园。

太庙
皇帝祭祖的宗庙

太庙是明清两代皇帝祭奠上至炎黄五帝的祖先的宗庙，始建于 1420 年，是根据中国古代“敬天法祖”的传统礼制建造的。辛亥革命以后，太庙一度仍归清室所有，1924 年辟为和平公园，1950 年改为现在人们熟知的劳动人民文化宫。

奉先殿
明清皇室的家庙

位于北京紫禁城内廷东侧，为明清皇室祭祀本朝祖先的家庙，始建于明初（1420 年）。于清顺治十四年（1657 年）重建。奉先殿为建立在白色须弥座上的“工”字形建筑。

鼓楼
八百年的报时中心

鼓楼在元朝时就已建立，不过它的位置在现在鼓楼的西边，明朝于 1420 年在此位置重新建设。鼓楼和北边的钟楼为古代都城的报时台。清朝乾隆时期，钟鼓楼每天戌时和次日寅时报时，都是先敲鼓后鸣钟。

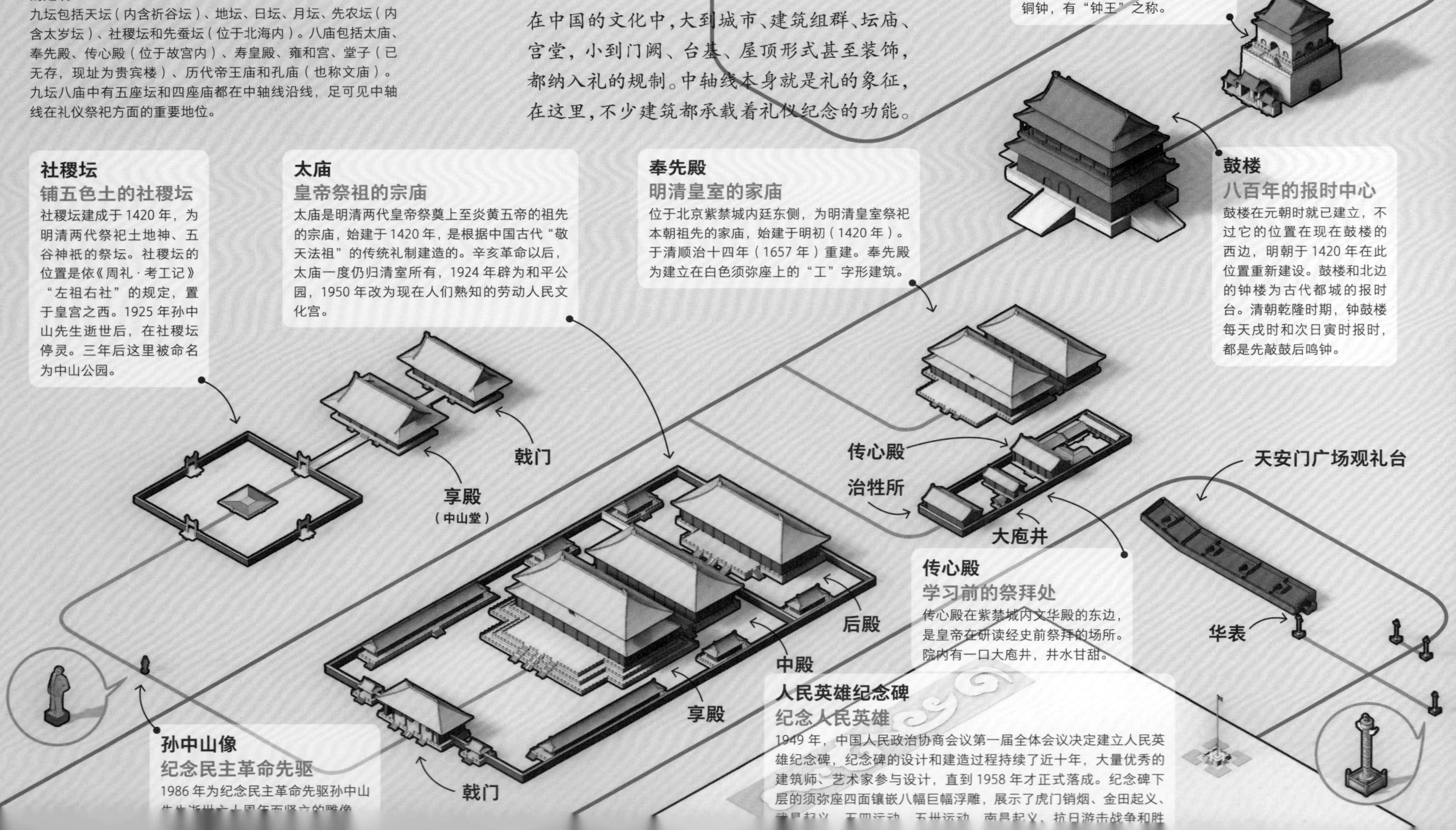

传心殿
学习前的祭拜处

传心殿在紫禁城内文华殿的东边，是皇帝在研读经史前祭拜的场所。院内有一口大庖井，井水甘甜。

孙中山像
纪念民主革命先驱

1986 年为纪念民主革命先驱孙中山

人民英雄纪念碑
纪念人民英雄

1949 年，中国人民政治协商会议第一届全体会议决定建立人民英雄纪念碑，纪念碑的设计和建造过程持续了近十年，大量优秀的建筑师、艺术家参与设计，直到 1958 年才正式落成。纪念碑下层的须弥座四面镶嵌八幅巨幅浮雕，展示了虎门销烟、金田起义、

天安门国旗护卫队
守护国旗的地方
1982 年 12 月 28 日，原武警北京总队第六支队十一中队五班正式进驻天安门，担负天安门广场升降旗和守卫国旗的光荣任务。2018 年，国旗护卫队正式由中国人民解放军仪仗大队接替。国旗护卫队的宿舍和训练场地就在故宫午门的东南。

天安门广场
世界最大的城市广场之一
从千步廊到天安门广场，这片土地见证了无数重大政治与历史事件的发生，早已成为中国人的集体记忆。相信很多人的家中都还留存着在天安门广场的留影吧！

正阳桥疏渠记方碑
古代河道治理的见证者
清朝乾隆年间，天桥附近的减水河（龙须沟）在天桥附近的渠道常淤塞不通，乾隆皇帝派人疏通河道，因成效显著，故亲自书写碑文作为纪念。

毛主席纪念堂
纪念开国领袖毛泽东
主体建筑为柱廊型正方体，44 根方形花岗岩石柱环抱外廊，于 1977 年建成。这座具有独特的民族风格的殿堂里安放着毛泽东主席的遗体。

先农坛（山川坛）
祭祀自然界神灵
先农，即神农氏，与社、稷等同为国六神祇之一。先农坛始建于明永乐十八年（1420 年），清乾隆时重修。现今内部已经被很多单位占用，不过大部分主体建筑仍然保留。

天桥四面钟
“到了城南游艺园了！”
四面钟原来位于天桥西面当时的城南游艺园里，一度是天桥的标志性建筑，后因修建北纬路被拆。2003 年，著名古建专家王世仁先生依据老照片、按原状设计复原了四面钟，并在中轴线旁异地复建。

柳祖祠
柳氏家庙
柳祖祠为柳氏家庙，始建于清光绪二十一年（1895 年）。庙内原有柳祖神像三尊、供桌、五供等。院落四合布局，山门、大殿、东西厢房遗迹尚存。因其年久失修、损坏严重，2009 年前门大街改造时进行了重修。

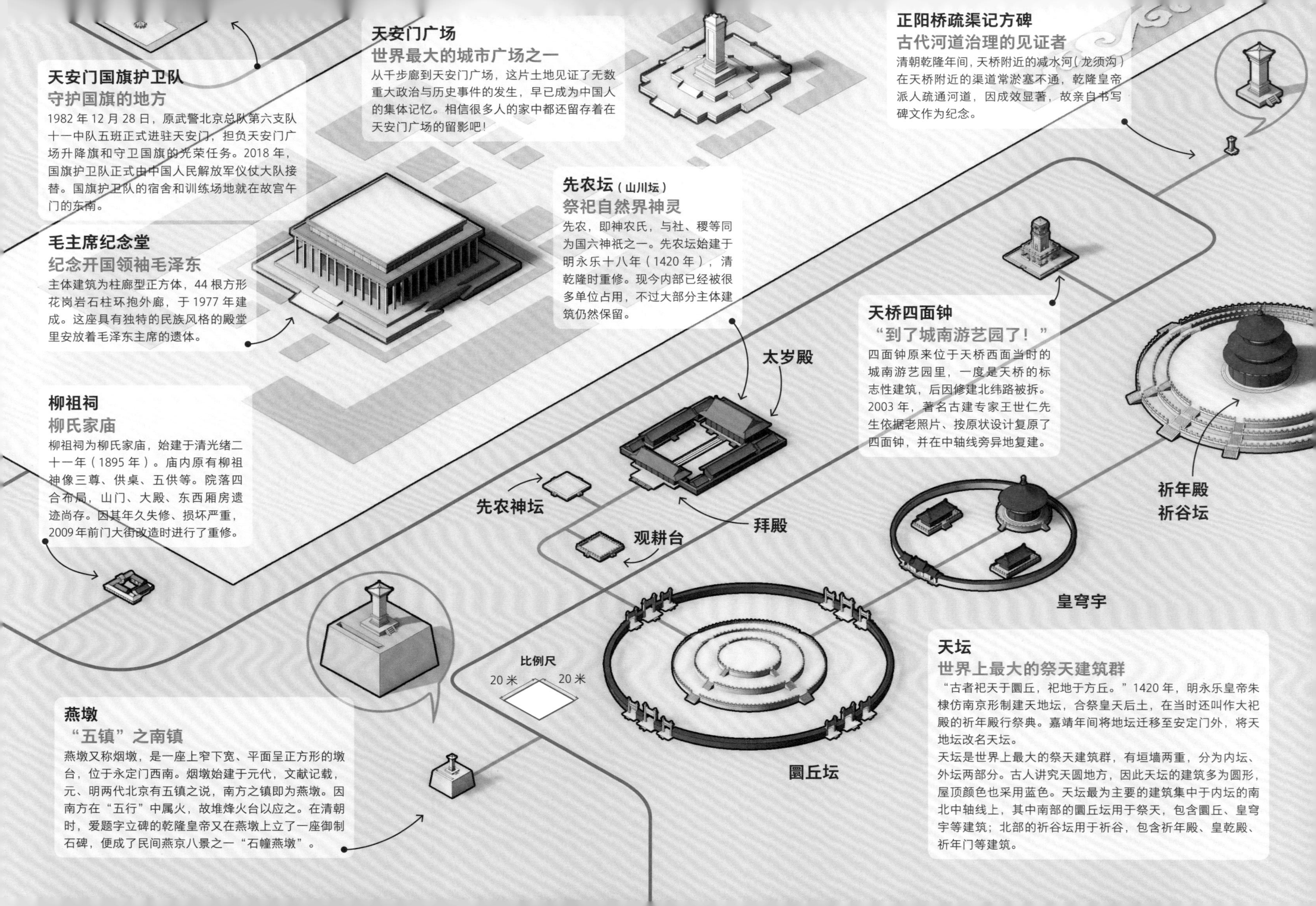

燕墩
“五镇”之南镇
燕墩又称烟墩，是一座上窄下宽、平面呈正方形的墩台，位于永定门西南。烟墩始建于元代，文献记载，元、明两代北京有五镇之说，南方之镇即为燕墩。因南方在“五行”中属火，故堆烽火台以应之。在清朝时，爱题字立碑的乾隆皇帝又在燕墩上立了一座御制石碑，便成了民间燕京八景之一“石幢燕墩”。

天坛
世界上最大的祭天建筑群
“古者祀天于圜丘，祀地于方丘。”1420 年，明永乐皇帝朱棣仿南京形制建天地坛，合祭皇天后土，在当时还叫作大祀殿的祈年殿行祭典。嘉靖年间将地坛迁移至安定门外，将天地坛改名天坛。

天坛是世界上最大的祭天建筑群，有垣墙两重，分为内坛、外坛两部分。古人讲究天圆地方，因此天坛的建筑多为圆形，屋顶颜色也采用蓝色。天坛最为主要的建筑集中于内坛的南北中轴线上，其中南部的圜丘坛用于祭天，包含圜丘、皇穹宇等建筑；北部的祈谷坛用于祈谷，包含祈年殿、皇乾殿、祈年门等建筑。

宗教

宗教祭祀在中国古代城市生活中非常重要，因此北京城内宗教建筑数量众多。中轴线及其周边的宗教建筑不但集中，而且类型特别丰富，涵盖佛教、道教、基督教、伊斯兰教等各种宗教的代表性建筑，完全称得上是宗教建筑博物馆！

鼓楼西长老会基督堂
美北长老会建立的教堂

1876 年，来自美国的基督教会美北长老会在什刹海鸦儿胡同建立了一座教堂。1900 年，这座教堂被义和团烧毁，1903 年在原址的西北角重建。重建的教堂位于旧鼓楼大街南口的西南角，与之一同兴建的还有传教士的住宅和花园。1958 年，基督教各宗派举行联合礼拜，这座教堂随之关闭，并于 20 世纪 60 年代拆除。不过，有几幢传教士的住宅仍然保存到了现在。

宏恩观
神奇的综合体

宏恩观位于北京中轴线最北端的北面，与钟楼相对，因此被称为“龙尾之要”，这座道观阅历极为丰富，最先由元朝的千佛寺改建而来，清朝做过太监的招待所，1949 年后做过职工宿舍、台球厅，甚至是工厂厂房、菜市场……

慈慧寺
曾经是太监的办公室

这座地安门内的小寺在明代位于掌管仪仗用品的司设监院内，是太监们办公居住的地方，直到清初才恢复为寺，现在已成为民居。

广福观
道教“管理处”

广福观位于烟袋斜街的中部，建于明代。这种小道观在明清北京十分常见，不过广福观的特别之处在于，它一度是道录司的所在地。道录司主管道教事务，可谓是古代版的“道教事务管理处”。

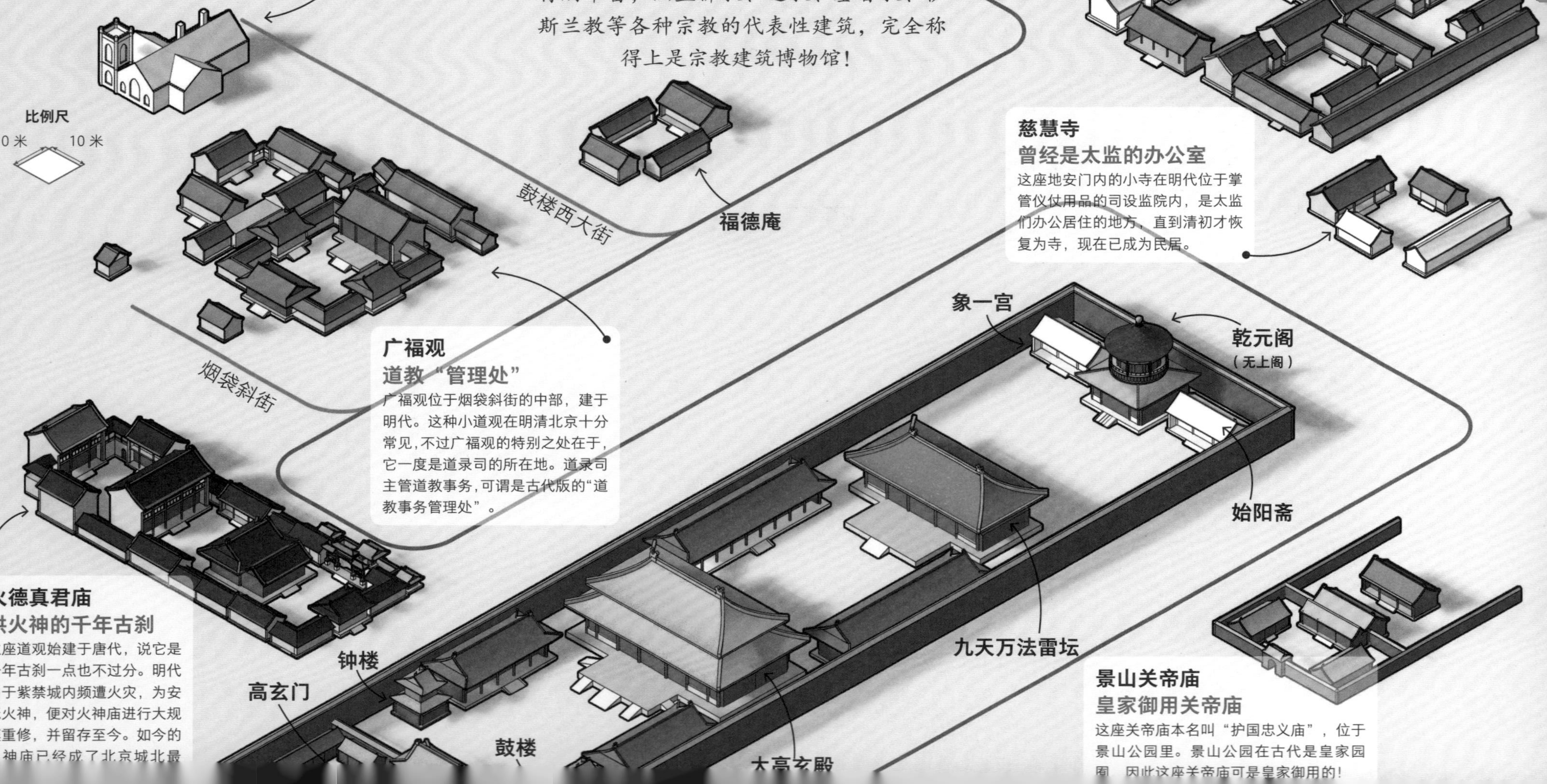

火德真君庙
供火神的千年古刹

这座道观始建于唐代，说它是千年古刹一点也不过分。明代由于紫禁城内频遭火灾，为安抚火神，便对火神庙进行大规模重修，并留存至今。如今的火神庙已经成了北京城北最

景山关帝庙
皇家御用关帝庙

这座关帝庙本名叫“护国忠义庙”，位于景山公园里。景山公园在古代是皇家园，因此这座关帝庙可是皇家御用的！

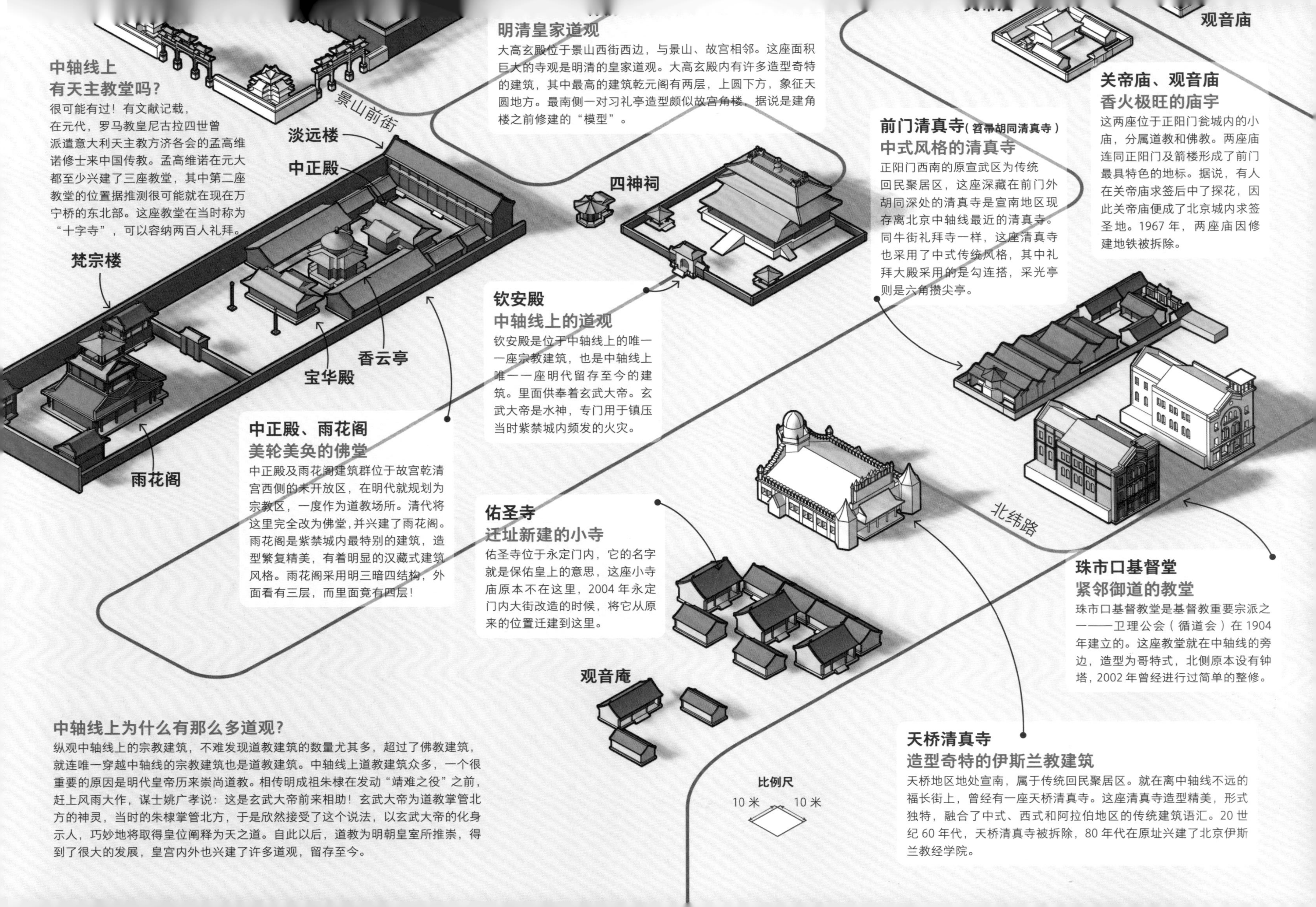

中轴线上
有天主教堂吗？

很可能有过！有文献记载，在元代，罗马教皇尼古拉四世曾派遣意大利天主教方济各会的孟高维诺修士来中国传教。孟高维诺在元大都至少兴建了三座教堂，其中第二座教堂的位置据推测很可能就在现在万宁桥的东北部。这座教堂在当时称为“十字寺”，可以容纳两百人礼拜。

明清皇家道观

大高玄殿位于景山西街西边，与景山、故宫相邻。这座面积巨大的寺观是明清的皇家道观。大高玄殿内有许多造型奇特的建筑，其中最高的建筑乾元阁有两层，上圆下方，象征天圆地方。最南侧一对习礼亭造型颇似故宫角楼，据说是建角楼之前修建的“模型”。

关帝庙、观音庙
香火极旺的庙宇

这两座位于正阳门瓮城内的小庙，分属道教和佛教。两座庙连同正阳门及箭楼形成了前门最具特色的地标。据说，有人在关帝庙求签后中了探花，因此关帝庙便成了北京城内求签圣地。1967 年，两座庙因修建地铁被拆除。

前门清真寺（笤帚胡同清真寺）
中式风格的清真寺

正阳门西南的原宣武区为传统回民聚居区，这座深藏在前门外胡同深处的清真寺是宣南地区现存离北京中轴线最近的清真寺。同牛街礼拜寺一样，这座清真寺也采用了中式传统风格，其中礼拜大殿采用的是勾连搭，采光亭则是六角攒尖亭。

钦安殿
中轴线上的道观

钦安殿是位于中轴线上的唯一一座宗教建筑，也是中轴线上唯一一座明代留存至今的建筑。里面供奉着玄武大帝。玄武大帝是水神，专门用于镇压当时紫禁城内频发的火灾。

中正殿、雨花阁
美轮美奂的佛堂

中正殿及雨花阁建筑群位于故宫乾清宫西侧的未开放区，在明代就规划为宗教区，一度作为道教场所。清代将这里完全改为佛堂，并兴建了雨花阁。雨花阁是紫禁城内最特别的建筑，造型繁复精美，有着明显的汉藏式建筑风格。雨花阁采用明三暗四结构，外面看有三层，而里面竟有四层！

佑圣寺
迁址新建的小寺

佑圣寺位于永定门内，它的名字就是保佑皇上的意思，这座小寺庙原本不在这里，2004 年永定门内大街改造的时候，将它从原来的位置迁建到这里。

珠市口基督堂
紧邻御道的教堂

珠市口基督教堂是基督教重要宗派之一——卫理公会（循道会）在 1904 年建立的。这座教堂就在中轴线的旁边，造型为哥特式，北侧原本设有钟塔，2002 年曾经进行过简单的整修。

中轴线上为什么有那么多道观？

纵观中轴线上的宗教建筑，不难发现道教建筑的数量尤其多，超过了佛教建筑，就连唯一穿越中轴线的宗教建筑也是道教建筑。中轴线上道教建筑众多，一个很重要的原因是明代皇帝历来崇尚道教。相传明成祖朱棣在发动“靖难之役”之前，赶上风雨大作，谋士姚广孝说：这是玄武大帝前来相助！玄武大帝为道教掌管北方的神灵，当时的朱棣掌管北方，于是欣然接受了这个说法，以玄武大帝的化身示人，巧妙地将取得皇位阐释为天之道。自此以后，道教为明朝皇室所推崇，得到了很大的发展，皇宫内外也兴建了许多道观，留存至今。

天桥清真寺
造型奇特的伊斯兰教建筑

天桥地区地处宣南，属于传统回民聚居区。就在离中轴线不远的福长街上，曾经有一座天桥清真寺。这座清真寺造型精美，形式独特，融合了中式、西式和阿拉伯地区的传统建筑语汇。20 世纪 60 年代，天桥清真寺被拆除，80 年代在原址兴建了北京伊斯兰教经学院。

牌楼

牌楼是中国古代建筑中十分有特点的建筑类型。有人说，北京曾经是世界上牌楼最多的城市，虽然这话的真假已经无从考证，不过中轴线沿线的牌楼数量真是不少。这种体量高大、造型精致的门型构筑物，常出现在城市公共空间，着实为北京增添了亮丽的景致。

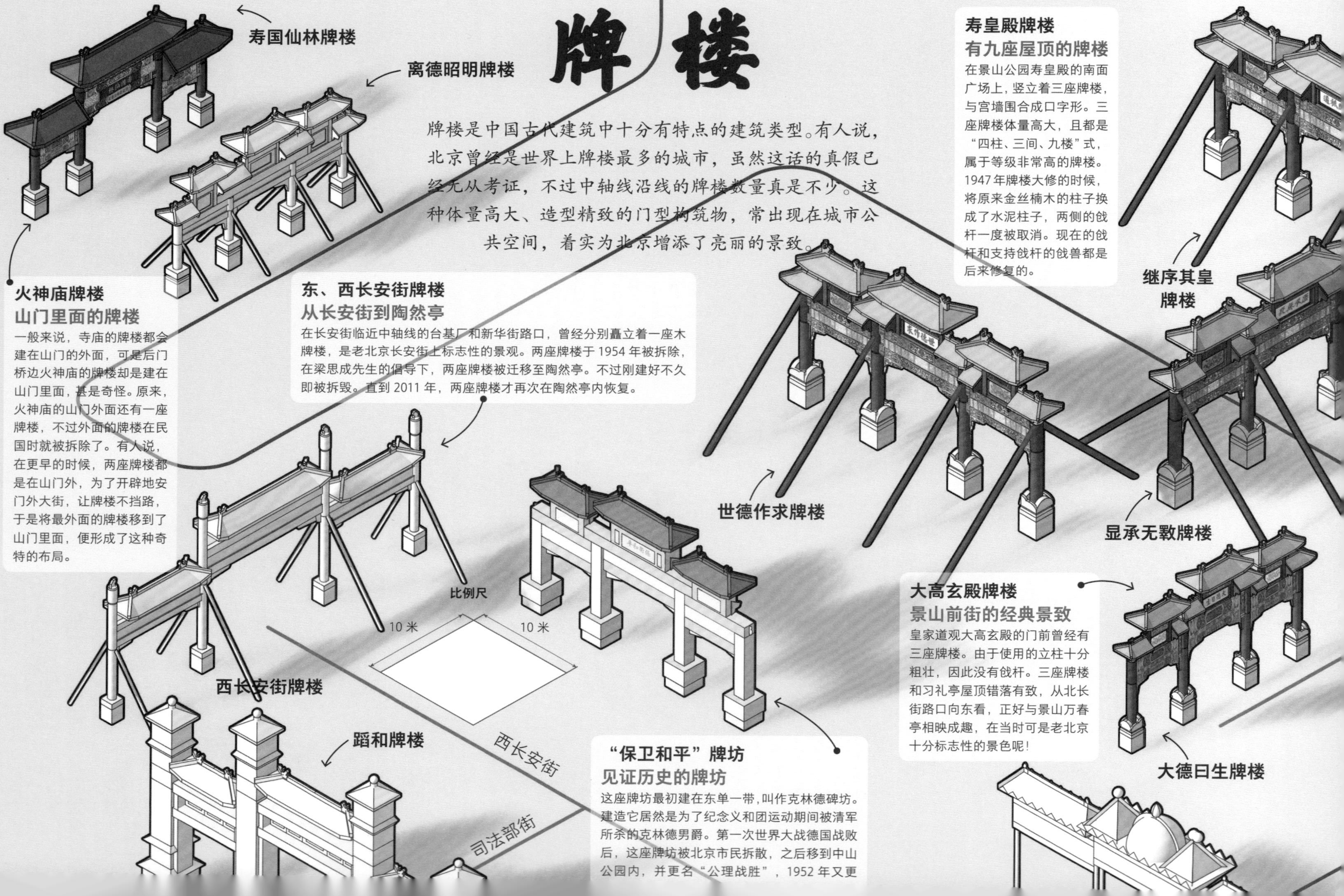

火神庙牌楼
山门里面的牌楼

一般来说，寺庙的牌楼都会建在山门的外面，可是后门桥边火神庙的牌楼却是建在山门里面，甚是奇怪。原来，火神庙的山门外面还有一座牌楼，不过外面的牌楼在民国时就被拆除了。有人说，在更早的时候，两座牌楼都是在山门外，为了开辟地安门外大街，让牌楼不挡路，于是将最外面的牌楼移到了山门里面，便形成了这种奇特的布局。

东、西长安街牌楼
从长安街到陶然亭

在长安街临近中轴线的台基厂和新华街路口，曾经分别矗立着一座木牌楼，是老北京长安街上标志性的景观。两座牌楼于 1954 年被拆除，在梁思成先生的倡导下，两座牌楼被迁移至陶然亭。不过刚建好不久即被拆毁。直到 2011 年，两座牌楼才再次在陶然亭内恢复。

寿皇殿牌楼
有九座屋顶的牌楼

在景山公园寿皇殿的南面广场上，竖立着三座牌楼，与宫墙围合成口字形。三座牌楼体量高大，且都是“四柱、三间、九楼”式，属于等级非常高的牌楼。1947 年牌楼大修的时候，将原来金丝楠木的柱子换成了水泥柱子，两侧的戗杆一度被取消。现在的戗杆和支持戗杆的戗兽都是后来修复的。

大高玄殿牌楼
景山前街的经典景致

皇家道观大高玄殿的门前曾经有三座牌楼。由于使用的立柱十分粗壮，因此没有戗杆。三座牌楼和习礼亭屋顶错落有致，从北长街路口向东看，正好与景山万春亭相映成趣，在当时可是老北京十分标志性的景色呢！

“保卫和平”牌坊
见证历史的牌坊

这座牌坊最初建在东单一带，叫作克林德碑坊。建造它居然是为了纪念义和团运动期间被清军所杀的克林德男爵。第一次世界大战德国战败后，这座牌坊被北京市民拆散，之后移到中山公园内，并更名“公理战胜”，1952 年又更

的等级一般可以通过数开间和看屋顶来判断，那牌楼怎么判断等级高低呢？一般来说可以通过数量、间数和举数来判断。

成组出现的牌楼一般比单个牌楼等级高。在很多皇家的坛庙门前，都会有三座牌楼；牌楼的间数就是牌楼的“门洞”数量，从一间、三间到五间，等级依次提高；牌楼的举数（楼数）是指牌楼上屋顶的个数，最少为一个，最多能达到十一个！一般来说，九举以上的牌楼就是等级非常高的牌楼了。

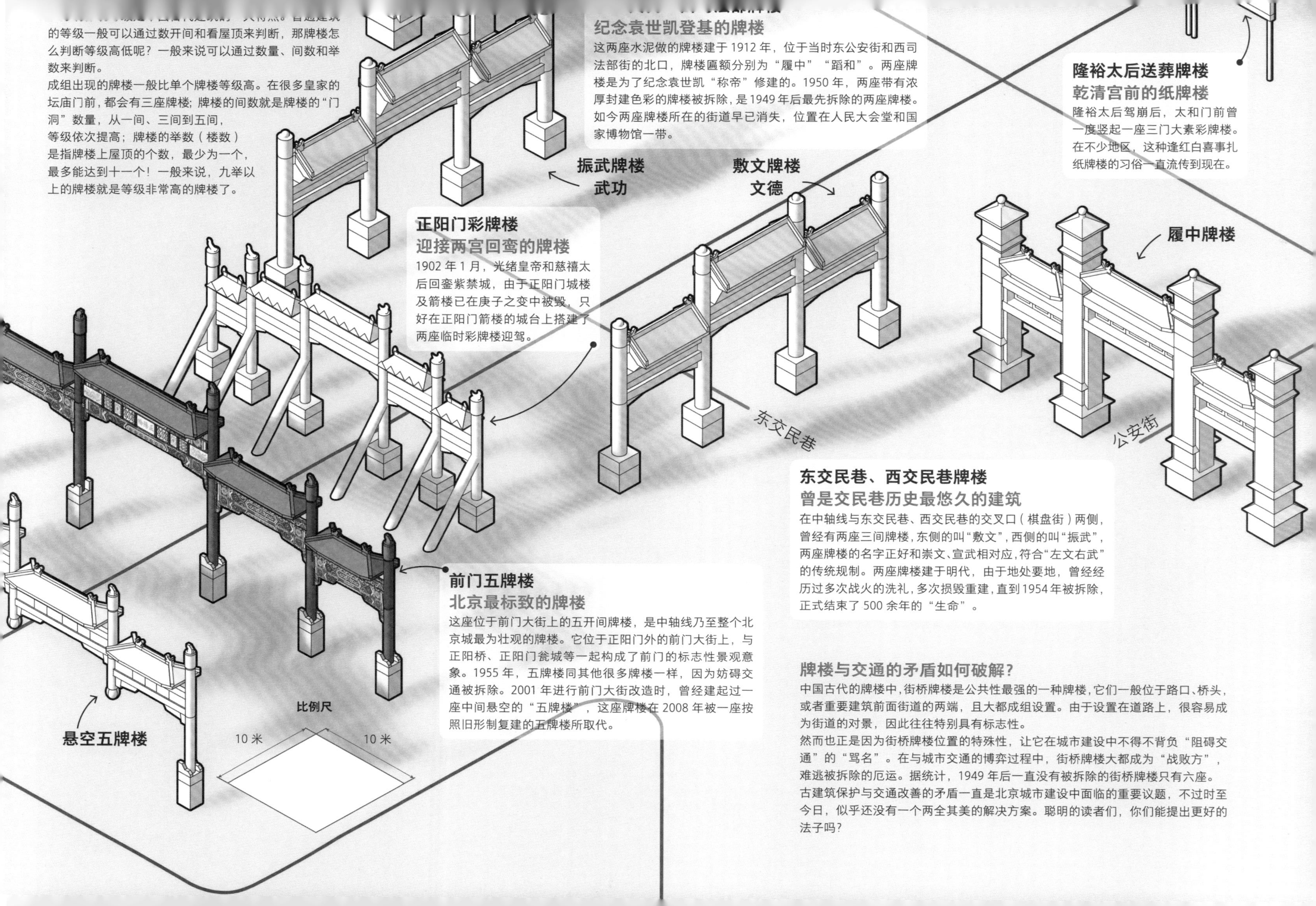

纪念袁世凯登基的牌楼

这两座水泥做的牌楼建于 1912 年，位于当时东公安街和西司法部街的北口，牌楼匾额分别为“履中”“蹈和”。两座牌楼是为了纪念袁世凯“称帝”修建的。1950 年，两座带有浓厚封建色彩的牌楼被拆除，是 1949 年后最先拆除的两座牌楼。如今两座牌楼所在的街道早已消失，位置在人民大会堂和国家博物馆一带。

隆裕太后送葬牌楼
乾清宫前的纸牌楼

隆裕太后驾崩后，太和门前曾一度竖起一座三门大素彩牌楼。在不少地区，这种逢红白喜事扎纸牌楼的习俗一直流传到现在。

正阳门彩牌楼
迎接两宫回銮的牌楼

1902 年 1 月，光绪皇帝和慈禧太后回銮紫禁城，由于正阳门城楼及箭楼已在庚子之变中被毁，只好在正阳门箭楼的城台上搭建了两座临时彩牌楼迎驾。

东交民巷、西交民巷牌楼
曾是交民巷历史最悠久的建筑

在中轴线与东交民巷、西交民巷的交叉口（棋盘街）两侧，曾经有两座三间牌楼，东侧的叫“敷文”，西侧的叫“振武”，两座牌楼的名字正好和崇文、宣武相对应，符合“左文右武”的传统规制。两座牌楼建于明代，由于地处要地，曾经经历过多次战火的洗礼，多次损毁重建，直到 1954 年被拆除，正式结束了 500 余年的“生命”。

前门五牌楼
北京最标致的牌楼

这座位于前门大街上的五开间牌楼，是中轴线乃至整个北京城最为壮观的牌楼。它位于正阳门外的前门大街上，与正阳桥、正阳门瓮城等一起构成了前门的标志性景观意象。1955 年，五牌楼同其他很多牌楼一样，因为妨碍交通被拆除。2001 年进行前门大街改造时，曾经建起过一座中间悬空的“五牌楼”，这座牌楼在 2008 年被一座按照旧形制复建的五牌楼所取代。

牌楼与交通的矛盾如何破解？

中国古代的牌楼中，街桥牌楼是公共性最强的一种牌楼，它们一般位于路口、桥头，或者重要建筑前面街道的两端，且大都成组设置。由于设置在道路上，很容易成为街道的对景，因此往往特别具有标志性。

然而也正是因为街桥牌楼位置的特殊性，让它在城市建设中不得不背负“阻碍交通”的“骂名”。在与城市交通的博弈过程中，街桥牌楼大都成为“战败方”，难逃被拆除的厄运。据统计，1949 年后一直没有被拆除的街桥牌楼只有六座。古建筑保护与交通改善的矛盾一直是北京城市建设中面临的重要议题，不过时至今日，似乎还没有一个两全其美的解决方案。聪明的读者们，你们能提出更好的法子吗？

文教

文化范满满的中轴线沿线怎能少了文教建筑的身影？从小学到大学，从博物馆到图书馆，每栋建筑都承载着一段历史，从自然起源到生活物件，从历史档案到建筑模型，每件展品都汇聚着中华文明的精粹。

故宫是什么时候变成的博物院？

辛亥革命后，清帝宣布退位，故宫本应全部收归国有，但因当时溥仪仍被允许“暂居宫禁”，仅在外朝（故宫南部）设了陈列室。

1924 年，冯玉祥将溥仪逐出紫禁城，接管故宫，成立了“办理清室善后委员会”。委员会对宫里每间房屋内的物品逐一进行了清点查收，共登记了 117 万余件文物。

1925 年 10 月 10 日，经过一年的准备，乾清门前广场举行了盛大的建院典礼，故宫首次对外开放。现在，故宫博物院通过特展、专馆（常展）和原状陈列等展览方式，向世界各地游客诉说着自己的故事。

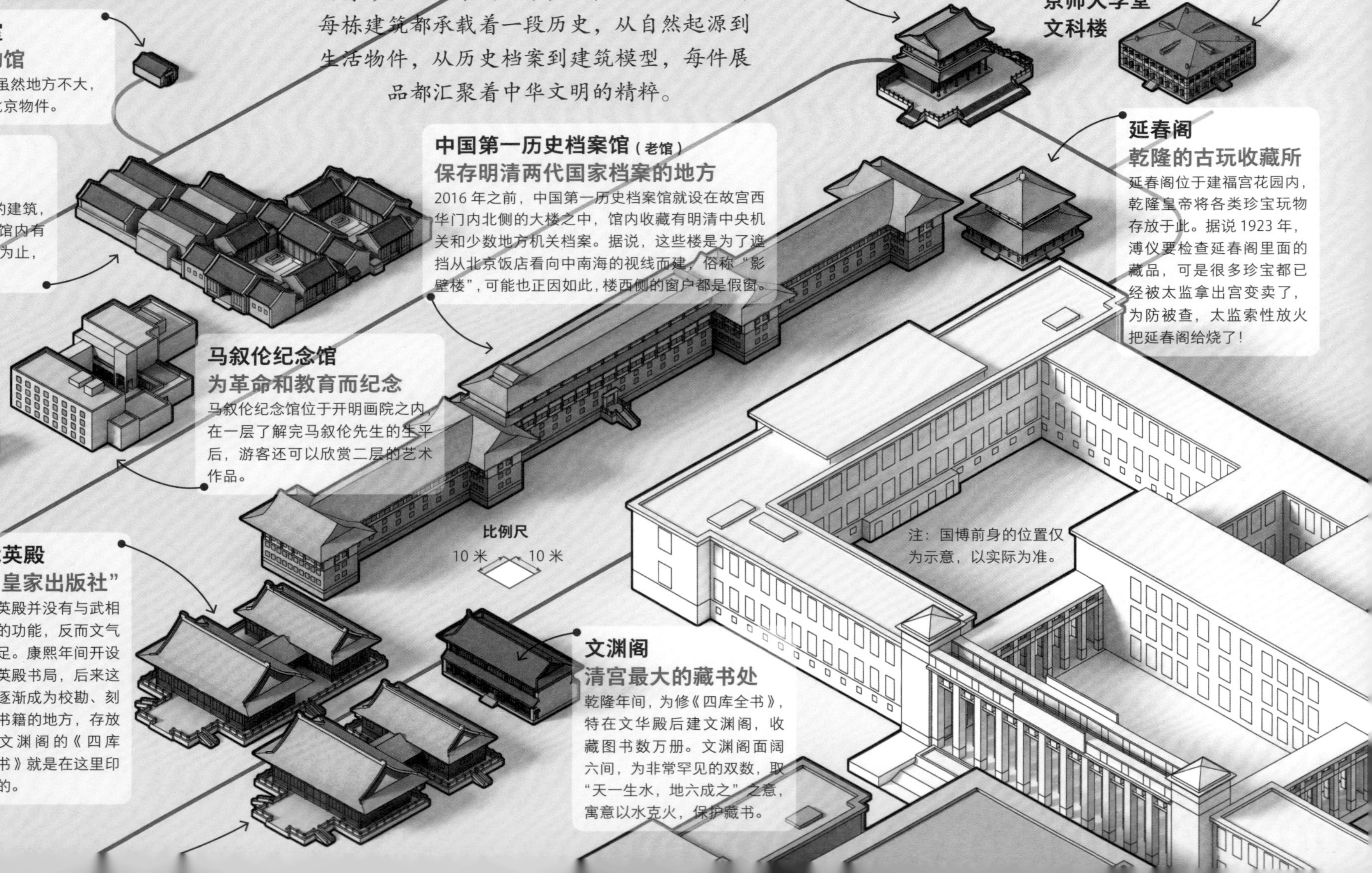

京城老物件陈列室
胡同里的私人博物馆

陈列室于 2008 年开馆，虽然地方不大，这里可有 15000 多件老北京物件。

时间博物馆
神秘的文化场所

虽说它是个外观看上去古香古色的建筑，但却是个当代的产品，据介绍，馆内有各种关于时间的展品，然而到目前为止，这家博物馆却很少向公众开放。

为宝书局
“惟善以为宝”

这座书店建于民国，有着中西合璧的建筑风格，是比较典型的民国早期建筑。当年，这里专门出售商务印书馆和中华书局的图书和期刊。

文华殿
皇帝学习的地方

文华殿是皇帝举办学习活动的地方，曾一度作为“太子视事之所”，但因太子大多年幼，不能参与政事，又恢复回为皇帝讲学的地方。原来的文华殿在李自成攻入紫禁城时被毁，康熙时期按武英殿制式进行

武英殿
“皇家出版社”

武英殿并没有与武相关的功能，反而文气十足。康熙年间开设武英殿书局，后来这里逐渐成为校勘、刻印书籍的地方，存放于文渊阁的《四库全书》就是在这里印行的。

马叙伦纪念馆
为革命和教育而纪念

马叙伦纪念馆位于开明画院之内，在一层了解完马叙伦先生的生平后，游客还可以欣赏二层的艺术作品。

中国第一历史档案馆（老馆）
保存明清两代国家档案的地方

2016 年之前，中国第一历史档案馆就设在故宫西华门内北侧的大楼之中，馆内收藏有明清中央机关和少数地方机关档案。据说，这些楼是为了遮挡从北京饭店看向中南海的视线而建，俗称“影壁楼”，可能也正因如此，楼西侧的窗户都是假窗。

文渊阁
清宫最大的藏书处

乾隆年间，为修《四库全书》，特在文华殿后建文渊阁，收藏图书数万册。文渊阁面阔六间，为非常罕见的双数，取“天一生水，地六成之”之意，寓意以水克火，保护藏书。

绮望楼
祭拜先师的地方

绮望楼位于景山公园南门内，横跨中轴线，坐北朝南，分为上下两层。楼内曾供奉孔子牌位，是清代官学堂学生祭拜先师孔子之处。

京师大学堂
近代第一所国立大学

京师大学堂，就是北京大学的前身，是我国第一所由中央政府建立的综合性大学。现存的文科楼具有古典主义风格，建筑中多处采用半圆券、拱形窗等设计形式。

延春阁
乾隆的古玩收藏所

延春阁位于建福宫花园内，乾隆皇帝将各类珍宝玩物存放于此。据说 1923 年，溥仪要检查延春阁里面的藏品，可是很多珍宝都已经被太监拿出宫变卖了，为防被查，太监索性放火把延春阁给烧了！

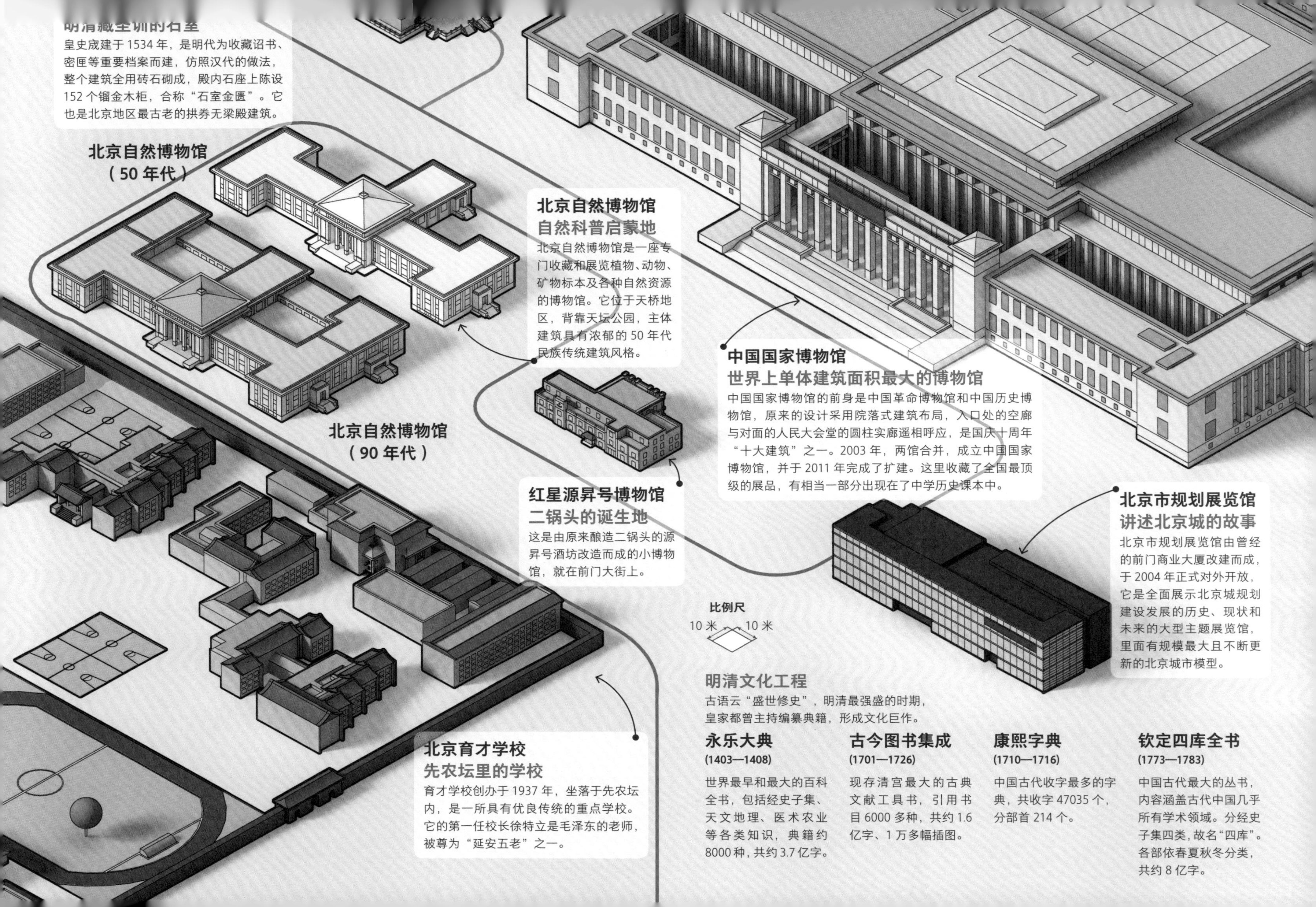

明清藏圣训的石室

皇史宬建于 1534 年，是明代为收藏诏书、密匣等重要档案而建，仿照汉代的做法，整个建筑全用砖石砌成，殿内石座上陈设 152 个镏金木柜，合称“石室金匮”。它也是北京地区最古老的拱券无梁殿建筑。

北京自然博物馆
自然科普启蒙地

北京自然博物馆是一座专门收藏和展览植物、动物、矿物标本及各种自然资源的博物馆。它位于天桥地区，背靠天坛公园，主体建筑具有浓郁的 50 年代民族传统建筑风格。

中国国家博物馆
世界上单体建筑面积最大的博物馆

中国国家博物馆的前身是中国革命博物馆和中国历史博物馆，原来的设计采用院落式建筑布局，入口处的空廊与对面的人民大会堂的圆柱实廊遥相呼应，是国庆十周年“十大建筑”之一。2003 年，两馆合并，成立中国国家博物馆，并于 2011 年完成了扩建。这里收藏了全国最顶级的展品，有相当一部分出现在了中学历史课本中。

红星源昇号博物馆
二锅头的诞生地

这是由原来酿造二锅头的源昇号酒坊改造而成的小博物馆，就在前门大街上。

北京市规划展览馆
讲述北京城的故事

北京市规划展览馆由曾经的前门商业大厦改建而成，于 2004 年正式对外开放，它是全面展示北京城规划建设发展的历史、现状和未来的大型主题展览馆，里面有规模最大且不断更新的北京城市模型。

北京育才学校
先农坛里的学校

育才学校创办于 1937 年，坐落于先农坛内，是一所具有优良传统的重点学校。它的第一任校长徐特立是毛泽东的老师，被尊为“延安五老”之一。

明清文化工程

古语云“盛世修史”，明清最强盛的时期，皇家都曾主持编纂典籍，形成文化巨作。

永乐大典
(1403—1408)

世界最早和最大的百科全书，包括经史子集、天文地理、医术农业等各类知识，典籍约 8000 种，共约 3.7 亿字。

古今图书集成
(1701—1726)

现存清宫最大的古典文献工具书，引用书目 6000 多种，共约 1.6 亿字、1 万多幅插图。

康熙字典
(1710—1716)

中国古代收字最多的字典，共收字 47035 个，分部首 214 个。

钦定四库全书
(1773—1783)

中国古代最大的丛书，内容涵盖古代中国几乎所有学术领域。分经史子集四类，故名“四库”。各部依春夏秋冬分类，共约 8 亿字。

住 宅

中轴线上都住着些什么人呢？由于紫禁城的存在，皇室家族自不必说，不少达官权贵也置宅于此，但除此之外，名人故居和宿舍大院也并不鲜见。

如何从大门分辨住宅的等级?

中国古建筑非常重视形制，不同等级的住宅会在很多方面表现出等级差别，大门作为住宅的门面自不例外。大体上，它们可以分为以下几类：

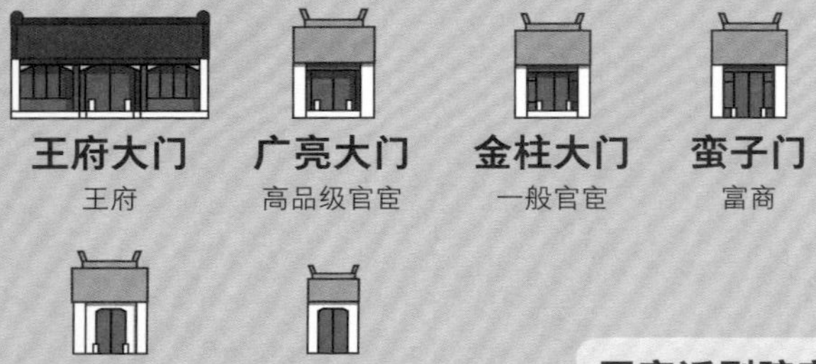

王府大门 王府

广亮大门 高品级官宦

金柱大门 一般官宦

蛮子门 富商

如意门 普通人家

墙垣门 简陋住宅

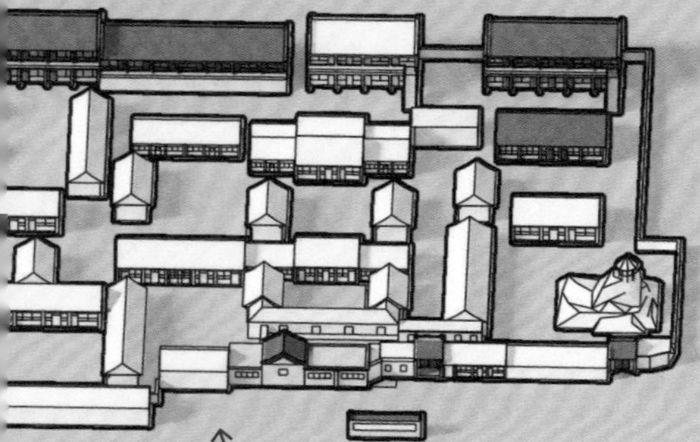

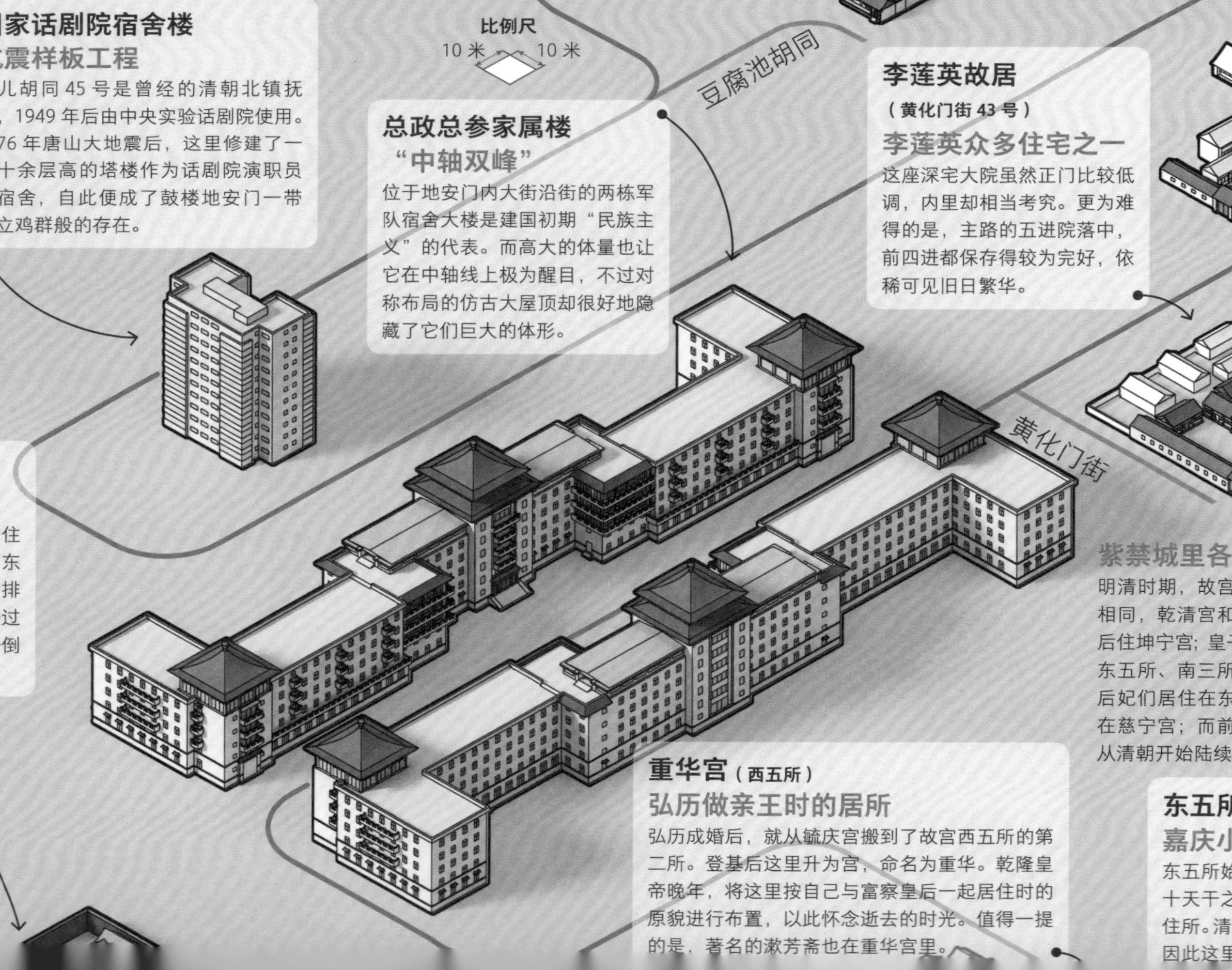

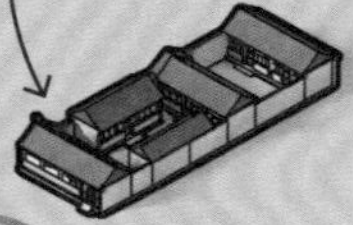

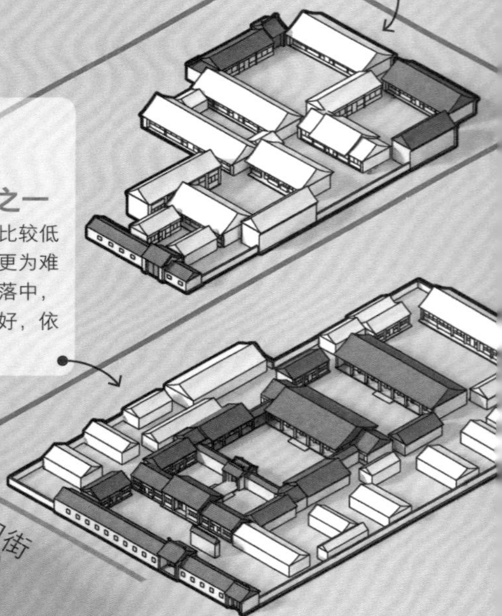

国家话剧院宿舍楼

抗震样板工程

帽儿胡同 45 号是曾经的清朝北镇抚司，1949 年后由中央实验话剧院使用。1976 年唐山大地震后，这里修建了一座十余层高的塔楼作为话剧院演职员工宿舍，自此便成了鼓楼地安门一带鹤立鸡群般的存在。

总政总参家属楼

“中轴双峰”

位于地安门内大街沿街的两栋军队宿舍大楼是建国初期“民族主义”的代表。而高大的体量也让它在中轴线上极为醒目，不过对称布局的仿古大屋顶却很好地隐藏了它们巨大的体形。

杨昌济故居

位于北京的“板仓杨寓”

这里是毛主席的老师杨昌济先生被聘为北京大学教授后，从湖南搬到北京时的住所。院落共两进，大门上挂有“板仓杨寓”的门牌，北房为杨昌济先生自己居住，东厢房为女儿杨开慧所住。

庄士敦故居

（油漆作胡同 1、21、23 号）

洋帝师的中式住宅

为了近便，内务府在故宫附近租了这套四合院供溥仪的西学老师庄士敦（Johnston）居住。住宅由庄士敦亲手布置，装修风格非常中国化。遗憾的是，目前大部分房屋都已拆除，无法再现原貌。

李莲英故居

（黄化门街 43 号）

李莲英众多住宅之一

这座深宅大院虽然正门比较低调，内里却相当考究。更为难得的是，主路的五进院落中，前四进都保存得较为完好，依稀可见旧日繁华。

张之洞故居（白米斜街 11 号）

可以观“海”的宅院

这里是清末军机大臣张之洞生前最后居住的地方。这座宅院原为四路四进院落，东路辟有花园。宅院后临什刹海，建有一排二层绣楼，前后出廊，可以观海景。经过岁月变迁，如今只有大门、照壁、部分倒座房和绣楼留存了下来。

紫禁城里各种宫都是谁住的?

明清时期，故宫内不同宫区居住成员大体相同，乾清宫和养心殿是皇帝的寝宫；皇后住坤宁宫；皇子们住在重华宫（西五所）、东五所、南三所，清代又增加了毓庆宫；后妃们居住在东六宫、西六宫；太后居住在慈宁宫；而前朝皇帝的后妃（太妃）则从清朝开始陆续居住在寿安宫和寿康宫内。

寿安宫

前朝嫔妃养老的地方

寿安宫是皇太后及太妃、太嫔等人的居所，为三进院落，第二进建筑以游廊连接。这里还具有祝寿的功能，乾隆皇帝曾为其母亲崇庆皇太后（就是甄嬛）办过三

重华宫（西五所）

弘历做亲王时的居所

弘历成婚后，就从毓庆宫搬到了故宫西五所的第二所。登基后这里升为宫，命名为重华。乾隆皇帝晚年，将这里按自己与富察皇后一起居住时的原貌进行布置，以此怀念逝去的时光。值得一提的是，著名的漱芳斋也在重华宫里。

东五所

嘉庆小时候住的地方

东五所始建于明初，与西五所合为十天干之数。清初，这里是皇子的住所。清朝后期，宫里闹“皇子荒”，因此这里逐渐失去了住宅的作用，

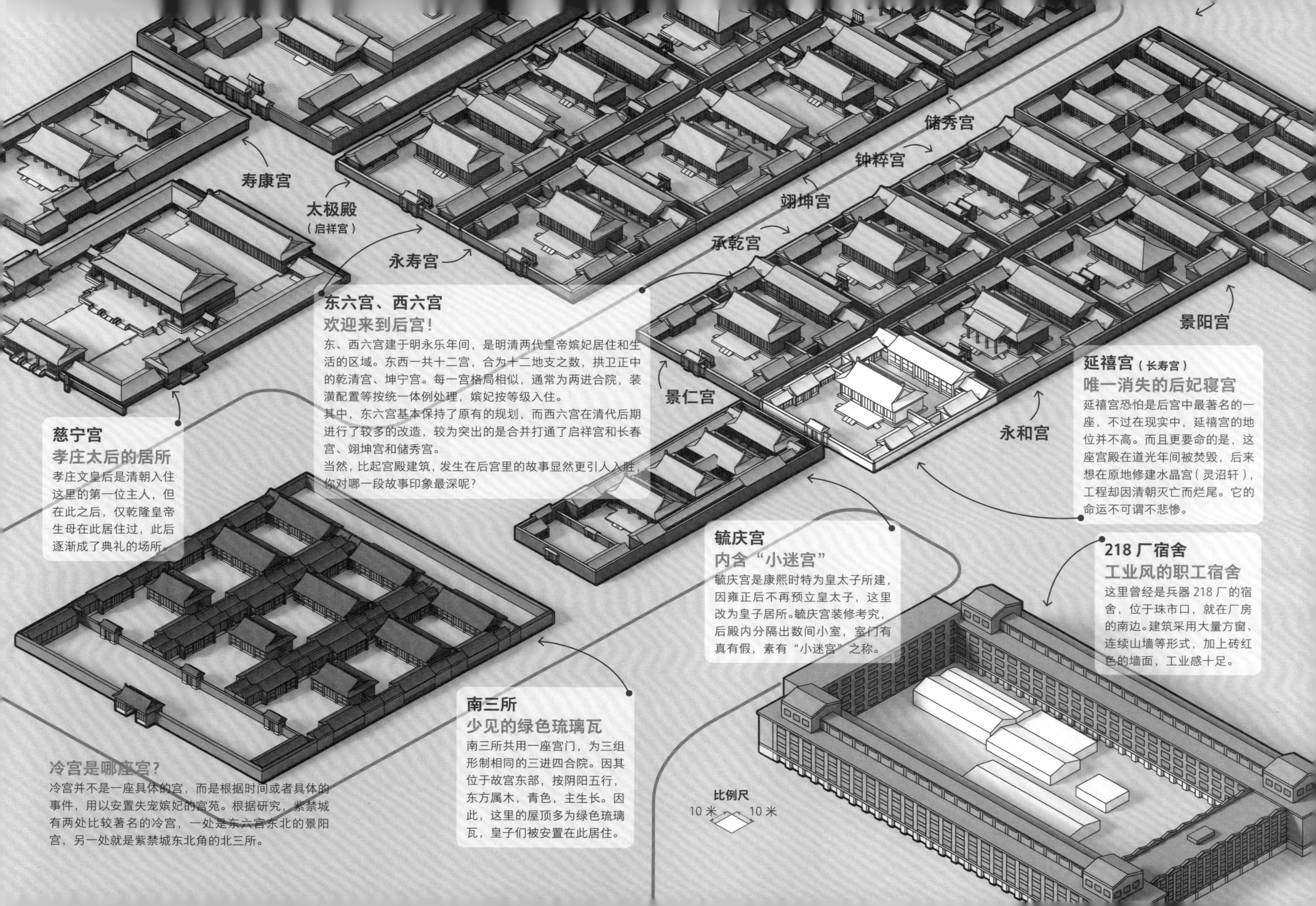

东六宫、西六宫

欢迎来到后宫！

东、西六宫建于明永乐年间，是明清两代皇帝嫔妃居住和生活的区域。东西一共十二宫，合为十二地支之数，拱卫正中的乾清宫、坤宁宫。每一宫格局相似，通常为两进合院，装潢配置等按统一体例处理，嫔妃按等级入住。

其中，东六宫基本保持了原有的规划，而西六宫在清代后期进行了较多的改造，较为突出的是合并打通了启祥宫和长春宫、翊坤宫和储秀宫。

当然，比起宫殿建筑，发生在后宫里的故事显然更引人入胜，你对哪一段故事印象最深呢？

慈宁宫

孝庄太后的居所

孝庄文皇后是清朝入住这里的第一位主人，但在此之后，仅乾隆皇帝生母在此居住过，此后逐渐成了典礼的场所。

延禧宫（长寿宫）

唯一消失的后妃寝宫

延禧宫恐怕是后宫中最著名的一座，不过在现实中，延禧宫的地位并不高。而且更要命的是，这座宫殿在道光年间被焚毁，后来想在原地修建水晶宫（灵沼轩），工程却因清朝灭亡而烂尾。它的命运不可谓不悲惨。

毓庆宫

内含“小迷宫”

毓庆宫是康熙时特为皇太子所建，因雍正后不再预立皇太子，这里改为皇子居所。毓庆宫装修考究，后殿内分隔出数间小室，室门有真有假，素有“小迷宫”之称。

218 厂宿舍

工业风的职工宿舍

这里曾经是兵器 218 厂的宿舍，位于珠市口，就在厂房的南边。建筑采用大量方窗、连续山墙等形式，加上砖红色的墙面，工业感十足。

南三所

少见的绿色琉璃瓦

南三所共用一座宫门，为三组形制相同的三进四合院。因其位于故宫东部，按阴阳五行，东方属木，青色，主生长。因此，这里的屋顶多为绿色琉璃瓦，皇子们被安置在此居住。

冷宫是哪座宫？

冷宫并不是一座具体的宫，而是根据时间或者具体的事件，用以安置失宠嫔妃的宫苑。根据研究，紫禁城有两处比较著名的冷宫，一处是东六宫东北的景阳宫，另一处就是紫禁城东北角的北三所。

工 商

中轴线上的鼓楼和前门大街，一直都是北京城最热闹的地方之一。各类商号、餐厅、市集、工厂的更迭变换，忠实地反映了北京市民们生活条件及需求的变化，也展现着中轴线上最有活力的一面。

民国时期人们怎么炫富？

老北京有句民谣，用来形容人有钱且讲究：“头顶马聚源，脚踩内联升，身穿八大祥，腰缠四大恒。”除了已经消失的老北京钱庄“四大恒”，另外几句话指的都是知名的老字号。

马聚源的帽子，用料讲究，做工精细，品种繁多；内联升的鞋子，原来专供皇帝龙靴和官员朝靴；八大祥，指祥义号、瑞蚨祥、瑞生祥、瑞增祥、瑞林祥、益和祥、广盛祥、谦祥益，都是经营绸缎的老字号。当然了，它们都有一个共同点，那就是价格不菲。

地安门百货商场
改造了无数遍的商场

地安门百货是北京老牌百货商场之一，从 20 世纪 50 年代开始营业。从一开始的两层小楼，经多次改造后变为五层，近年来，为了恢复中轴线风貌，又经历了“削层”改造。如今，这座百货商场仍处于转型升级中。

鼓楼市场
消失的“民众商场”

1924 年废除钟鼓楼报时后，钟鼓楼之间的空地便成了小贩和民间艺人谋生的地方，逐渐形成鼓楼市场。抗日战争胜利后，鼓楼市场更名为“民众商场”，直到 2001 年才被撤销。

来今雨轩
名流聚集之所

中山公园里的来今雨轩饭庄是一家著名的百年老字号，民国时曾是文艺名流云集的茶楼。

旧式铺面房
传统铺面房的典型代表

铺面房是指城镇中供商业、服务业等行业营业用的房屋。这里原来是谦祥益绸布店，屋面为硬山勾连搭，二层有廊，雕镂精美，已经被列为市级文物保护单位。

地安门外大街
年代久远的老北京商业街

提到老北京商业街，人们会说“东四西单鼓楼前”。“鼓楼前”指的就是今天的地安门外大街后门以北路段，以及钟鼓楼附近的地区和街巷。早年这里设有缎子市、米面市、鹅鸭市等，还有一个穷汉市，专卖各种便宜商品。

冰窖餐厅
故宫里的网红餐厅

故宫冰窖建于乾隆年间，是四座半地下拱券式窖洞建筑。2016 年，故宫对闲置多年的冰窖进行了改造，把它变成了书吧、咖啡厅和餐厅，如今，这里已经成为新的网红打卡地。

劝业场
京城首家 shopping mall

这座建筑始建于1908年，地上三层，地下一层，最初是商品陈列所，兼有销售。1936年正式命名为劝业场，意为“劝人勉力，振兴实业，提倡国货”，规定私人可以设摊，但只许卖国货。建国后成为国营商场，主要经营商业百货，还一度被改建为服装店和宾馆。2012 年开始，劝

月盛斋
慈禧尝了都说好

这家老字号位于珠宝市过街楼旁，专卖清真酱牛羊肉。据传，慈禧太后每年必食月盛斋，特发给月盛斋进宫腰牌，为送酱肉“御用”。

荷包巷
正阳门前的集市

清朝，百姓沿着正阳门瓮城的外墙搭盖棚屋，形成集市，因形状类似荷包，故名荷包巷。1900 年，店铺在大火中烧毁，复建后改名正阳商场，后因正阳门改造工程随瓮城一起拆除。

无字的布帘，后来店家逐渐开始题写店名，或以木牌代替。幌，最初指布幔，之后引申为行业标记，用来表示经营内容。老北京的招幌，主要分为如下三类：

形象幌
商品实物或图像

标志幌
旗帜或灯笼

文字幌
单字或双字标示经营类别

天桥商场（20世纪70年代）

天桥百货商场
老南城的商业中心
天桥百货商场成立时是面积 1800 平米的小型零售店，在改革开放后迅速崛起，一度成为北京商场的领军者。然而随着传统百货模式逐渐被淘汰，这里的辉煌似乎也成了往事。

粮食店街第十旅店
前门地区的老旅馆
粮食店街第十旅店，据传原为康熙末年开业的会友镖局。建筑为砖木结构，有两个天井，房间沿天井布置，各楼前廊通过围廊连接，形成跑马廊，很像电视剧里古代旅馆的样子。

大栅栏商业街
500 年历史的商业区
大栅栏，兴起于元朝，建立于明朝，因街巷口的木栅栏得名。这里从历史上就是繁华的商业区，不少老字号都聚集在此。有首民谣唱道："大栅栏里买卖全，绸缎烟铺和戏院。药铺针线鞋帽店，车马行人如水淹。"

大北照相馆（新建）
"十大照相馆"之一
1921 年，大北照相馆开张，以经营策略和先进硬件跻身老北京的"十大照相馆"。

前门大街（新建）
改了一遍又一遍的商业街
明朝，正阳门周围商业发达，前门大街两侧出现鲜鱼口、猪市口、煤市街等集市和街道，发展成为商业街。20 世纪 50 年代这里有私营商户 800 余家。21 世纪初，这条大街以恢复历史风貌的名义开始了新一轮修缮整治，并于 2008 年重新开张。

兵器 218 厂（世纪天鼎批发市场）
俄式老工业厂房
建于 1959 年的兵器 218 厂，屋顶有 56 个圆形穹顶，具有独特的俄罗斯风格。2003 年，这里变成了南城知名的世纪天鼎购物广场，里边有百货商城、小商品批发、美容美发等各种小店。2018 年，批发市场清退，这儿被改造成为文化金融园。

北京市面粉二厂
北京最早的机制面粉厂
这家面粉厂的前身可追溯到 1918 年成立的天民机制面粉厂，后改名为永定门粮食加工厂、北京市面粉二厂。老北京人喜欢的"天坛牌"方便面就在这里生产。现在，面粉厂已经迁出，这里成为文化创意园区，辟有一座首都粮食博物馆。

金融

中轴线上形式风格各异的金融建筑，是清末民初历史的重要见证。早期的中式传统房屋、二十世纪初的“洋风”大楼和中西风格混杂的建筑，共同展现了北京近代建筑多元的面貌。

古代金融机构——炉房与银号

说起古代的银行，就要先提到炉房。炉房，其实是清朝的造币厂，功能是铸造元宝，也有存款业务。当时炉房主要集中在前门外珠宝市街一带。

民国时期，明令废银改元，炉房业务一蹶不振，其重心也逐渐转向了存放款，同时开始经营将银两兑换银票的业务，逐渐形成了银号（钱庄），生意逐渐兴盛。民国初年，江苏督军李纯在施家胡同开设义兴银号，此后便不断有银号在这里集聚，因此施家胡同也被称为“银号胡同”。

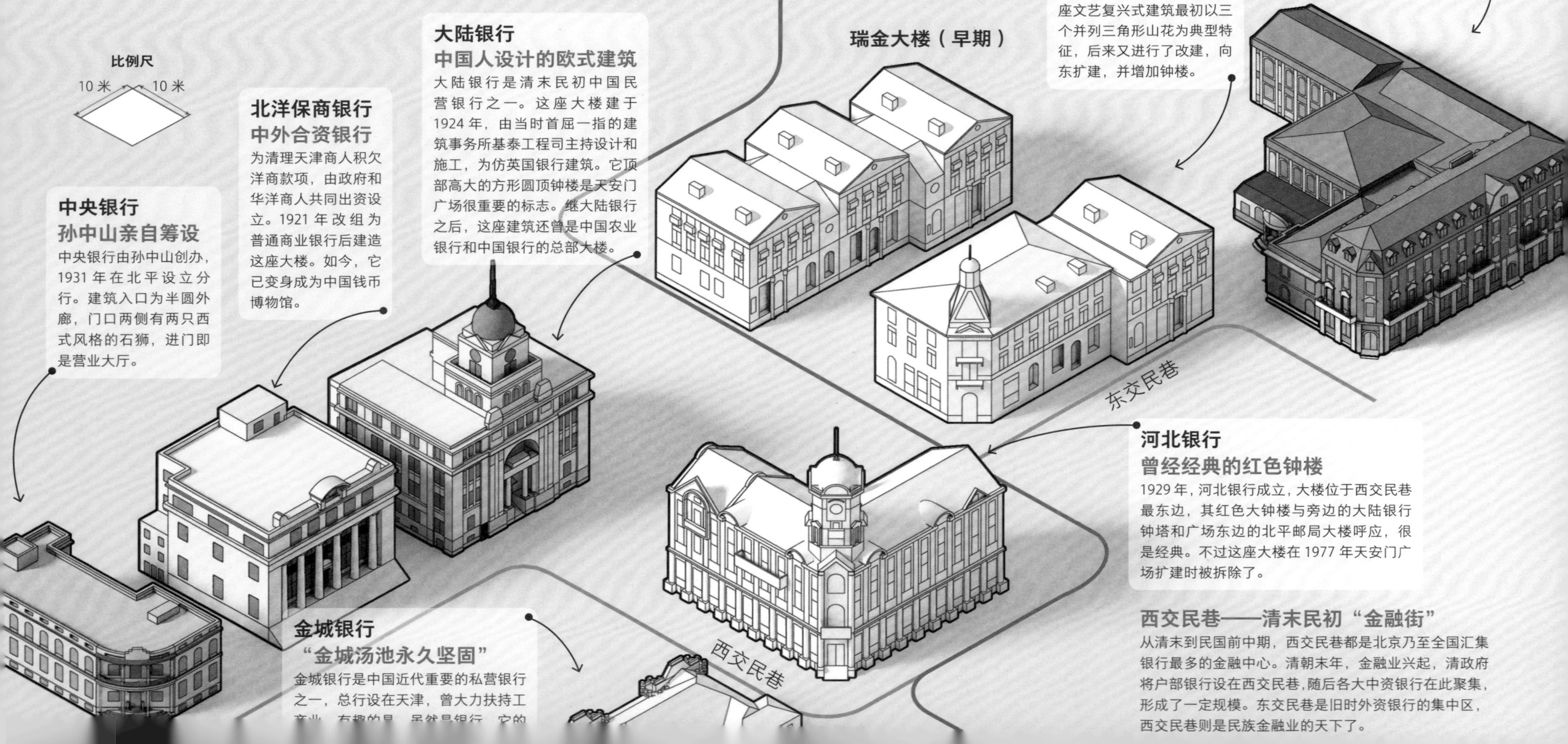

中央银行
孙中山亲自筹设
中央银行由孙中山创办，1931 年在北平设立分行。建筑入口为半圆外廊，门口两侧有两只西式风格的石狮，进门即是营业大厅。

北洋保商银行
中外合资银行
为清理天津商人积欠洋商款项，由政府和华洋商人共同出资设立。1921 年改组为普通商业银行后建造这座大楼。如今，它已变身成为中国钱币博物馆。

大陆银行
中国人设计的欧式建筑
大陆银行是清末民初中国民营银行之一。这座大楼建于 1924 年，由当时首屈一指的建筑事务所基泰工程司主持设计和施工，为仿英国银行建筑。它顶部高大的方形圆顶钟楼是天安门广场很重要的标志。继大陆银行之后，这座建筑还曾是中国农业银行和中国银行的总部大楼。

瑞金大楼
民国的涉外写字楼
瑞金大楼建在东交民巷西口北侧，紧挨着敷文牌楼，得利夫洋行就设在其中。这座文艺复兴式建筑最初以三个并列三角形山花为典型特征，后来又进行了改建，向东扩建，并增加钟楼。

麦加利银行
英国皇家特许银行
麦加利银行就是赫赫有名的渣打银行，这栋 L 形建筑地上三层，还有一层半地下室，二楼外带悬挑阳台。建筑的门窗套饰带有美式建筑风格。南立面墙上的石刻“1918—1919”是它的重要标志。

河北银行
曾经经典的红色钟楼
1929 年，河北银行成立，大楼位于西交民巷最东边，其红色大钟楼与旁边的大陆银行钟塔和广场东边的北平邮局大楼呼应，很是经典。不过这座大楼在 1977 年天安门广场扩建时被拆除了。

金城银行
“金城汤池永久坚固”
金城银行是中国近代重要的私营银行之一，总行设在天津，曾大力扶持工

西交民巷——清末民初“金融街”

从清末到民国前中期，西交民巷都是北京乃至全国汇集银行最多的金融中心。清朝末年，金融业兴起，清政府将户部银行设在西交民巷，随后各大中资银行在此聚集，形成了一定规模。东交民巷是旧时外资银行的集中区，西交民巷则是民族金融业的天下了。

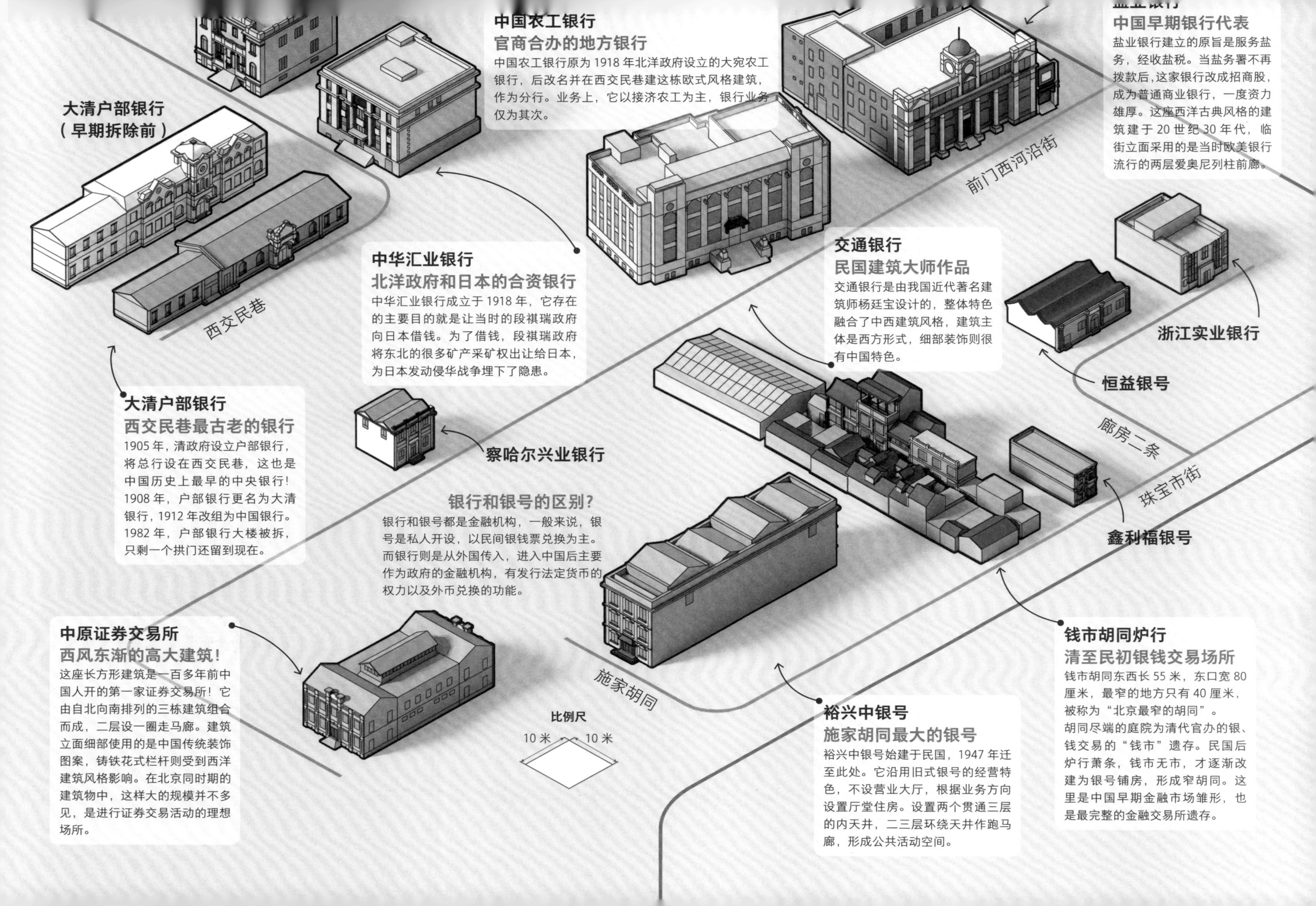

盐业银行
中国早期银行代表

盐业银行建立的原旨是服务盐务，经收盐税。当盐务署不再拨款后，这家银行改成招商股，成为普通商业银行，一度资力雄厚。这座西洋古典风格的建筑建于 20 世纪 30 年代，临街立面采用的是当时欧美银行流行的两层爱奥尼列柱前廊。

中国农工银行
官商合办的地方银行

中国农工银行原为 1918 年北洋政府设立的大宛农工银行，后改名并在西交民巷建这栋欧式风格建筑，作为分行。业务上，它以接济农工为主，银行业务仅为其次。

中华汇业银行
北洋政府和日本的合资银行

中华汇业银行成立于 1918 年，它存在的主要目的就是让当时的段祺瑞政府向日本借钱。为了借钱，段祺瑞政府将东北的很多矿产采矿权出让给日本，为日本发动侵华战争埋下了隐患。

交通银行
民国建筑大师作品

交通银行是由我国近代著名建筑师杨廷宝设计的，整体特色融合了中西建筑风格，建筑主体是西方形式，细部装饰则很有中国特色。

大清户部银行
西交民巷最古老的银行

1905 年，清政府设立户部银行，将总行设在西交民巷，这也是中国历史上最早的中央银行！1908 年，户部银行更名为大清银行，1912 年改组为中国银行。1982 年，户部银行大楼被拆，只剩一个拱门还留到现在。

银行和银号的区别？

银行和银号都是金融机构，一般来说，银号是私人开设，以民间银钱票兑换为主。而银行则是从外国传入，进入中国后主要作为政府的金融机构，有发行法定货币的权力以及外币兑换的功能。

中原证券交易所
西风东渐的高大建筑！

这座长方形建筑是一百多年前中国人开的第一家证券交易所！它由自北向南排列的三栋建筑组合而成，二层设一圈走马廊。建筑立面细部使用的是中国传统装饰图案，铸铁花式栏杆则受到西洋建筑风格影响。在北京同时期的建筑物中，这样大的规模并不多见，是进行证券交易活动的理想场所。

裕兴中银号
施家胡同最大的银号

裕兴中银号始建于民国，1947 年迁至此处。它沿用旧式银号的经营特色，不设营业大厅，根据业务方向设置厅堂住房。设置两个贯通三层的内天井，二三层环绕天井作跑马廊，形成公共活动空间。

钱市胡同炉行
清至民初银钱交易场所

钱市胡同东西长 55 米，东口宽 80 厘米，最窄的地方只有 40 厘米，被称为“北京最窄的胡同”。胡同尽端的庭院为清代官办的银、钱交易的“钱市”遗存。民国后炉行萧条，钱市无市，才逐渐改建为银号铺房，形成窄胡同。这里是中国早期金融市场雏形，也是最完整的金融交易所遗存。

娱乐

位于中轴线上的前门和天桥是北京最有名的娱乐中心，其中以戏院、剧院等表演场所数量最为众多，类型也最为丰富。

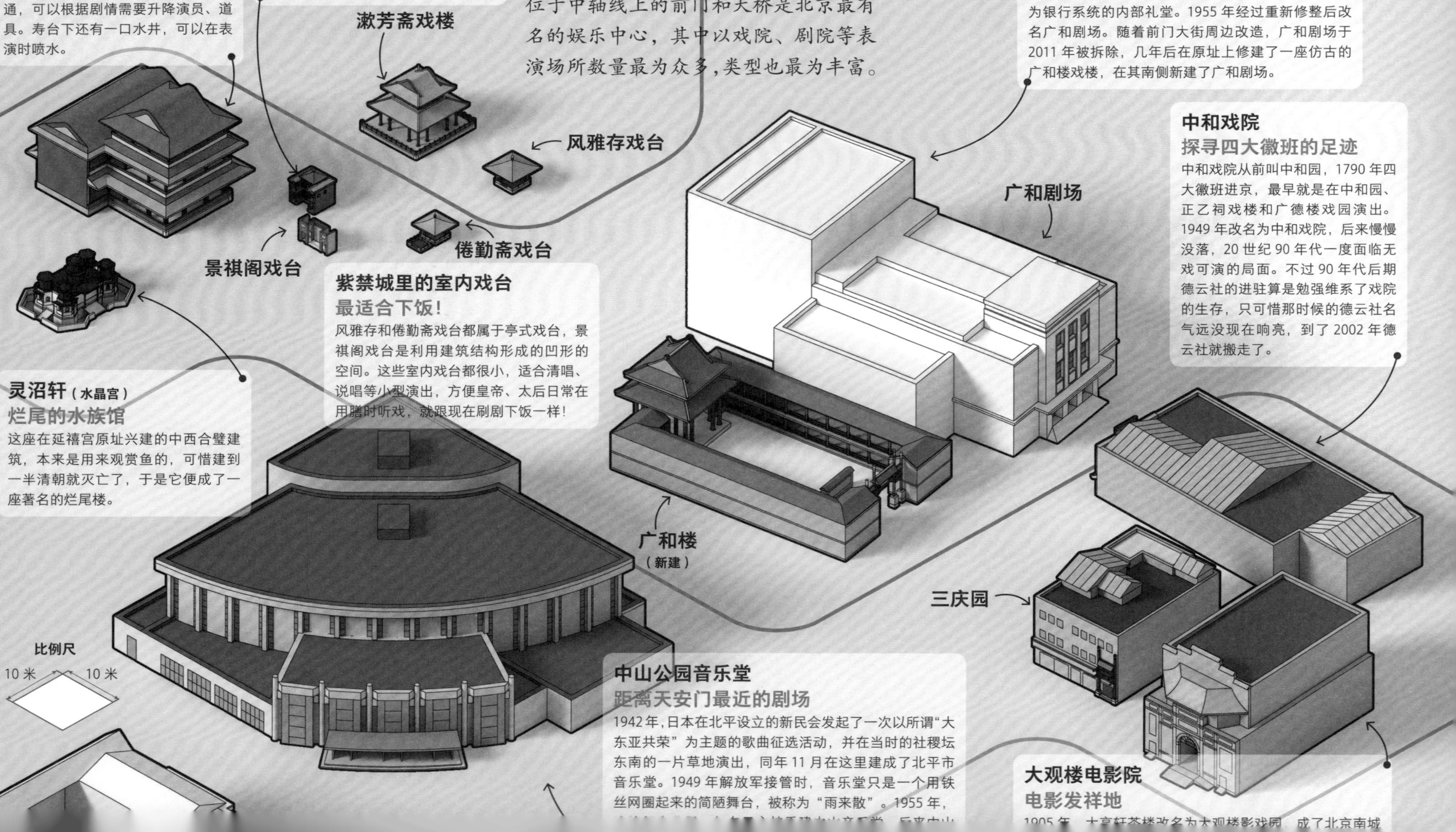

畅音阁戏楼
故宫里现存最大的戏台

畅音阁戏楼高 20.7 米，与南面五开间的扮戏楼相连。戏楼内有上中下三层戏台，由上至下分别叫作福台、禄台、寿台。三层戏台之间开了天井上下贯通，可以根据剧情需要升降演员、道具。寿台下还有一口水井，可以在表演时喷水。

如亭
隐秘的室外小戏台

位于宁寿宫中的如亭上层是个小戏台，适合一两个人演出。如亭位于一个天井小院落的中心，三面都被双层廊围起来，据说也因此音效更加清亮。

紫禁城里的室内戏台
最适合下饭！

风雅存和倦勤斋戏台都属于亭式戏台，景祺阁戏台是利用建筑结构形成的凹形的空间。这些室内戏台都很小，适合清唱、说唱等小型演出，方便皇帝、太后日常在用膳时听戏，就跟现在刷剧下饭一样！

灵沼轩（水晶宫）
烂尾的水族馆

这座在延禧宫原址兴建的中西合璧建筑，本来是用来观赏鱼的，可惜建到一半清朝就灭亡了，于是它便成了一座著名的烂尾楼。

广和楼与广和剧场
梅兰芳艺术生涯从此起步

广和楼与华乐楼、广德楼、第一舞台曾并称为京城四大戏园，距今至少有 360 年历史。日伪时期，广和楼被拆毁。1949 年后，中国人民银行出资重建，成为银行系统的内部礼堂。1955 年经过重新修整后改名广和剧场。随着前门大街周边改造，广和剧场于 2011 年被拆除，几年后在原址上修建了一座仿古的广和楼戏楼，在其南侧新建了广和剧场。

中和戏院
探寻四大徽班的足迹

中和戏院从前叫中和园，1790 年四大徽班进京，最早就是在中和园、正乙祠戏楼和广德楼戏园演出。1949 年改名为中和戏院，后来慢慢没落，20 世纪 90 年代一度面临无戏可演的局面。不过 90 年代后期德云社的进驻算是勉强维系了戏院的生存，只可惜那时候的德云社名气远没现在响亮，到了 2002 年德云社就搬走了。

中山公园音乐堂
距离天安门最近的剧场

1942 年，日本在北平设立的新民会发起了一次以所谓“大东亚共荣”为主题的歌曲征选活动，并在当时的社稷坛东南的一片草地演出，同年 11 月在这里建成了北平市音乐堂。1949 年解放军接管时，音乐堂只是一个用铁丝网圈起来的简陋舞台，被称为“雨来散”。1955 年，

大观楼电影院
电影发祥地

1905 年，大亨轩茶楼改名为大观楼影戏园，成了北京南城

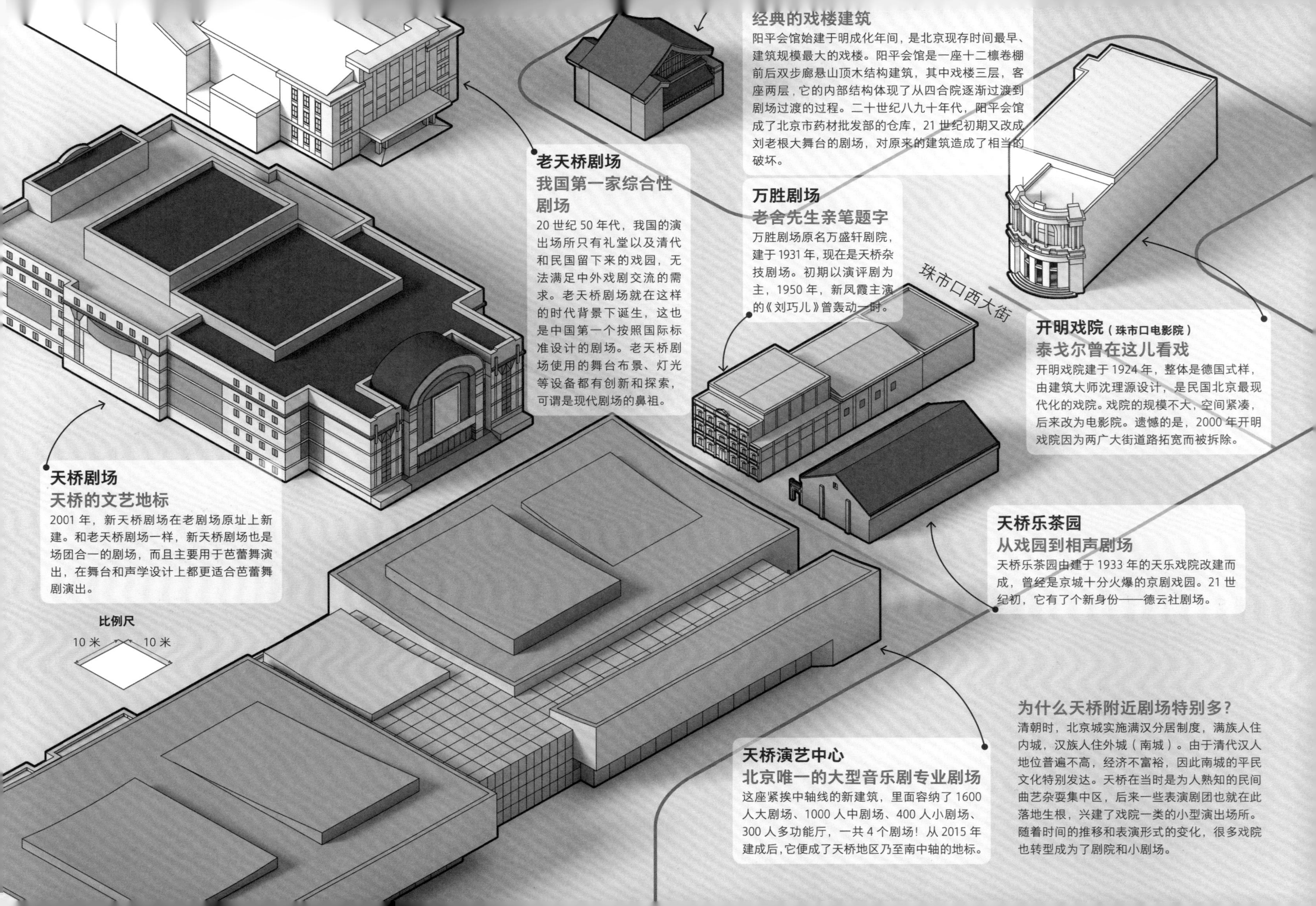

经典的戏楼建筑

阳平会馆始建于明成化年间，是北京现存时间最早、建筑规模最大的戏楼。阳平会馆是一座十二檩卷棚前后双步廊悬山顶木结构建筑，其中戏楼三层，客座两层，它的内部结构体现了从四合院逐渐过渡到剧场过渡的过程。二十世纪八九十年代，阳平会馆成了北京市药材批发部的仓库，21 世纪初期又改成刘老根大舞台的剧场，对原来的建筑造成了相当的破坏。

老天桥剧场

我国第一家综合性剧场

20 世纪 50 年代，我国的演出场所只有礼堂以及清代和民国留下来的戏园，无法满足中外戏剧交流的需求。老天桥剧场就在这样的时代背景下诞生，这也是中国第一个按照国际标准设计的剧场。老天桥剧场使用的舞台布景、灯光等设备都有创新和探索，可谓是现代剧场的鼻祖。

万胜剧场

老舍先生亲笔题字

万胜剧场原名万盛轩剧院，建于 1931 年，现在是天桥杂技剧场。初期以演评剧为主，1950 年，新凤霞主演的《刘巧儿》曾轰动一时。

开明戏院（珠市口电影院）

泰戈尔曾在这儿看戏

开明戏院建于 1924 年，整体是德国式样，由建筑大师沈理源设计，是民国北京最现代化的戏院。戏院的规模不大，空间紧凑，后来改为电影院。遗憾的是，2000 年开明戏院因为两广大街道路拓宽而被拆除。

天桥剧场

天桥的文艺地标

2001 年，新天桥剧场在老剧场原址上新建。和老天桥剧场一样，新天桥剧场也是场团合一的剧场，而且主要用于芭蕾舞演出，在舞台和声学设计上都更适合芭蕾舞剧演出。

天桥乐茶园

从戏园到相声剧场

天桥乐茶园由建于 1933 年的天乐戏院改建而成，曾经是京城十分火爆的京剧戏园。21 世纪初，它有了个新身份——德云社剧场。

天桥演艺中心

北京唯一的大型音乐剧专业剧场

这座紧挨中轴线的新建筑，里面容纳了 1600 人大剧场、1000 人中剧场、400 人小剧场、300 人多功能厅，一共 4 个剧场！从 2015 年建成后，它便成了天桥地区乃至南中轴的地标。

为什么天桥附近剧场特别多？

清朝时，北京城实施满汉分居制度，满族人住内城，汉族人住外城（南城）。由于清代汉人地位普遍不高，经济不富裕，因此南城的平民文化特别发达。天桥在当时是为人熟知的民间曲艺杂耍集中区，后来一些表演剧团也就在此落地生根，兴建了戏院一类的小型演出场所。随着时间的推移和表演形式的变化，很多戏院也转型成为了剧院和小剧场。

亭榭

中轴线上有许多造型、色彩都极富想象力的景观建筑。明清时期，这些精巧的亭台楼阁和花园都属于皇家专用。近代以来，这些园林逐渐对外开放，成为属于市民的公共空间。

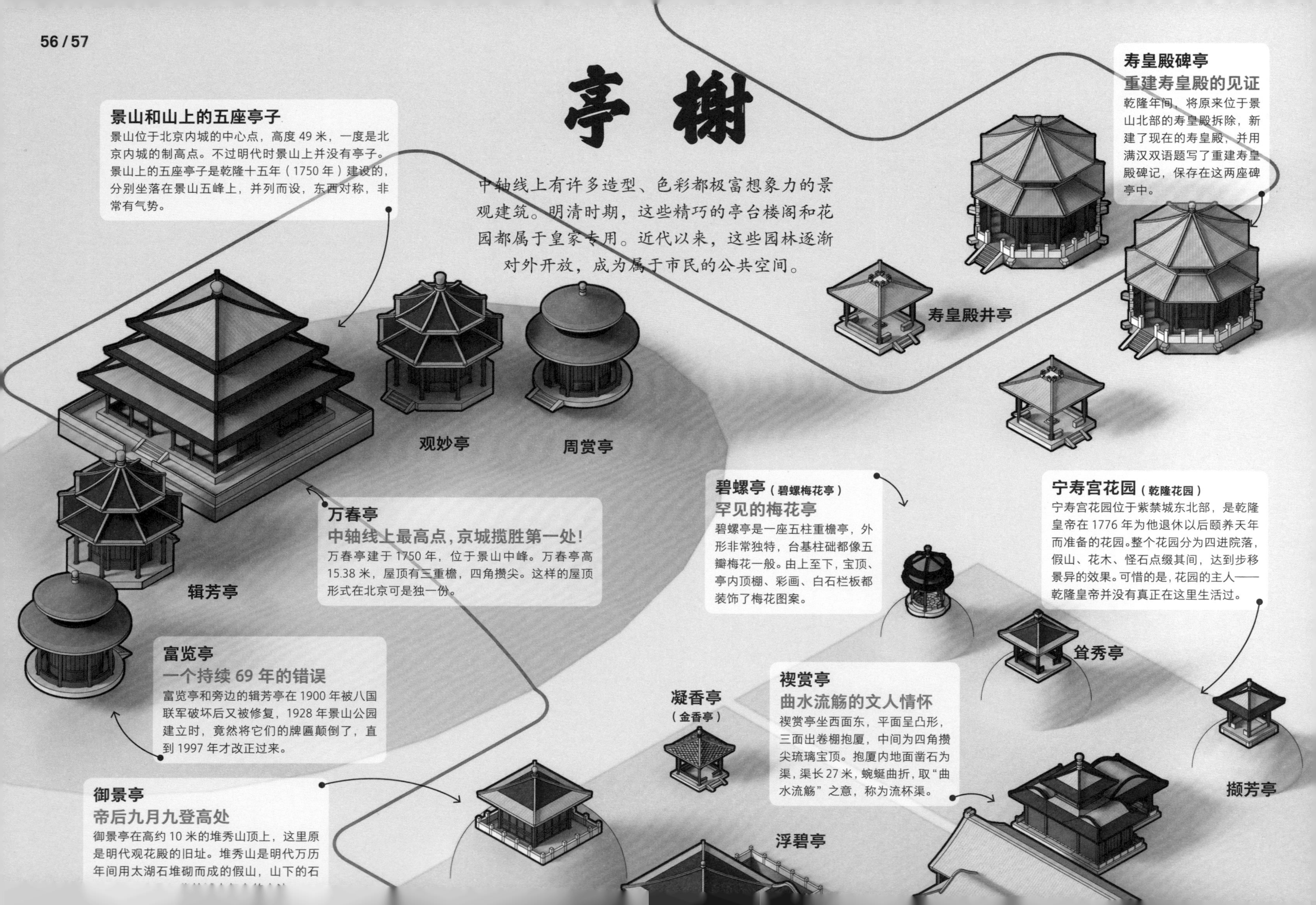

景山和山上的五座亭子

景山位于北京内城的中心点，高度 49 米，一度是北京内城的制高点。不过明代时景山上并没有亭子。景山上的五座亭子是乾隆十五年（1750 年）建设的，分别坐落在景山五峰上，并列而设，东西对称，非常有气势。

万春亭

中轴线上最高点，京城揽胜第一处！

万春亭建于 1750 年，位于景山中峰。万春亭高 15.38 米，屋顶有三重檐，四角攒尖。这样的屋顶形式在北京可是独一份。

富览亭

一个持续 69 年的错误

富览亭和旁边的辑芳亭在 1900 年被八国联军破坏后又被修复，1928 年景山公园建立时，竟然将它们的牌匾颠倒了，直到 1997 年才改正过来。

御景亭

帝后九月九登高处

御景亭在高约 10 米的堆秀山顶上，这里原是明代观花殿的旧址。堆秀山是明代万历年间用太湖石堆砌而成的假山，山下的石

寿皇殿碑亭

重建寿皇殿的见证

乾隆年间，将原来位于景山北部的寿皇殿拆除，新建了现在的寿皇殿，并用满汉双语题写了重建寿皇殿碑记，保存在这两座碑亭中。

碧螺亭（碧螺梅花亭）

罕见的梅花亭

碧螺亭是一座五柱重檐亭，外形非常独特，台基柱础都像五瓣梅花一般。由上至下，宝顶、亭内顶棚、彩画、白石栏板都装饰了梅花图案。

宁寿宫花园（乾隆花园）

宁寿宫花园位于紫禁城东北部，是乾隆皇帝在 1776 年为他退休以后颐养天年而准备的花园。整个花园分为四进院落，假山、花木、怪石点缀其间，达到步移景异的效果。可惜的是，花园的主人——乾隆皇帝并没有真正在这里生活过。

禊赏亭

曲水流觞的文人情怀

禊赏亭坐西面东，平面呈凸形，三面出卷棚抱厦，中间为四角攒尖琉璃宝顶。抱厦内地面凿石为渠，渠长 27 米，蜿蜒曲折，取“曲水流觞”之意，称为流杯渠。

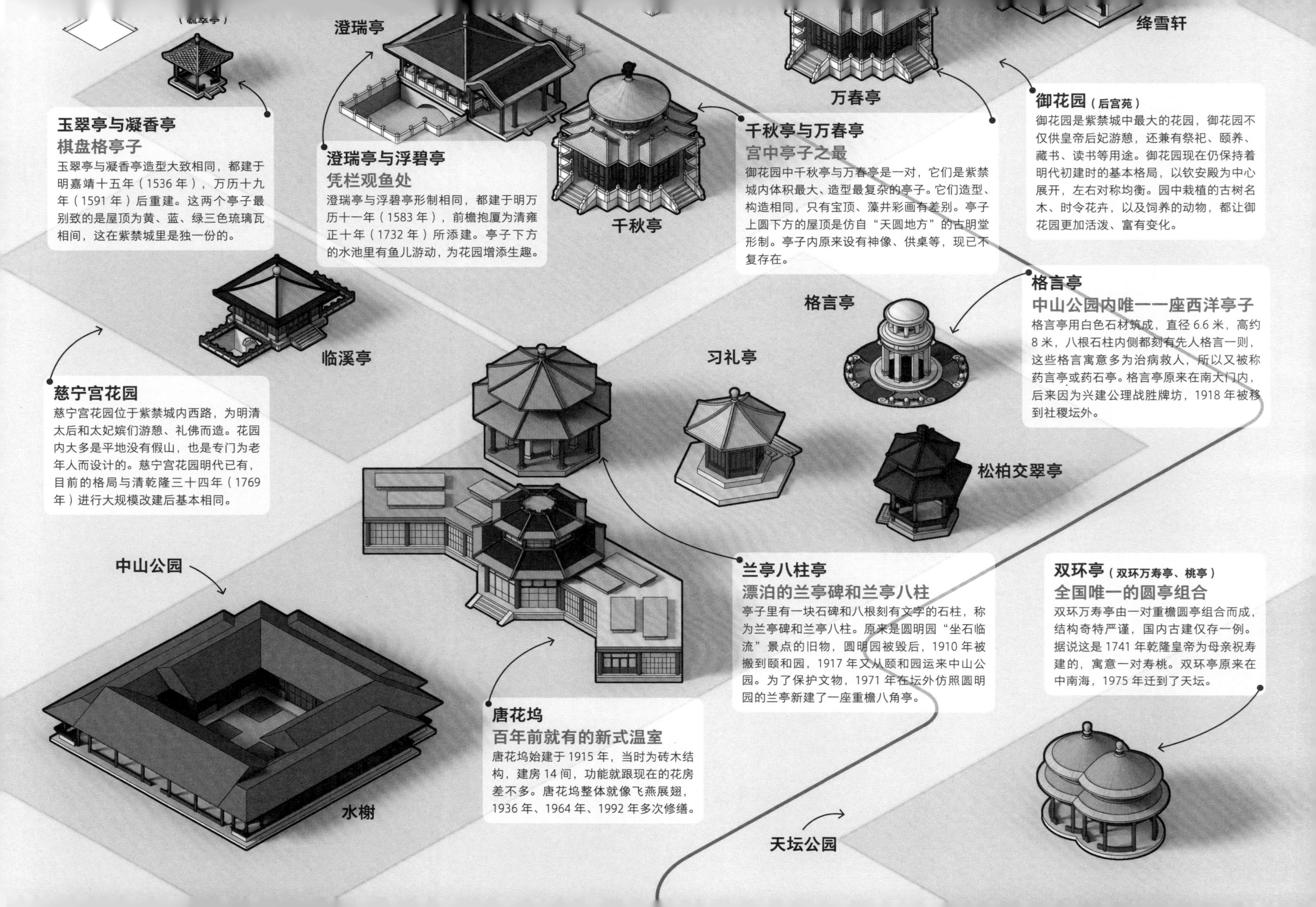

玉翠亭与凝香亭
棋盘格亭子
玉翠亭与凝香亭造型大致相同，都建于明嘉靖十五年（1536 年），万历十九年（1591 年）后重建。这两个亭子最别致的是屋顶为黄、蓝、绿三色琉璃瓦相间，这在紫禁城里是独一份的。

澄瑞亭与浮碧亭
凭栏观鱼处
澄瑞亭与浮碧亭形制相同，都建于明万历十一年（1583 年），前檐抱厦为清雍正十年（1732 年）所添建。亭子下方的水池里有鱼儿游动，为花园增添生趣。

千秋亭与万春亭
宫中亭子之最
御花园中千秋亭与万春亭是一对，它们是紫禁城内体积最大、造型最复杂的亭子。它们造型、构造相同，只有宝顶、藻井彩画有差别。亭子上圆下方的屋顶是仿自“天圆地方”的古明堂形制。亭子内原来设有神像、供桌等，现已不复存在。

御花园（后宫苑）
御花园是紫禁城中最大的花园，御花园不仅供皇帝后妃游憩，还兼有祭祀、颐养、藏书、读书等用途。御花园现在仍保持着明代初建时的基本格局，以钦安殿为中心展开，左右对称均衡。园中栽植的古树名木、时令花卉，以及饲养的动物，都让御花园更加活泼、富有变化。

格言亭
中山公园内唯一一座西洋亭子
格言亭用白色石材筑成，直径 6.6 米，高约 8 米，八根石柱内侧都刻有先人格言一则，这些格言寓意多为治病救人，所以又被称药言亭或药石亭。格言亭原来在南大门内，后来因为兴建公理战胜牌坊，1918 年被移到社稷坛外。

慈宁宫花园
慈宁宫花园位于紫禁城内西路，为明清太后和太妃嫔们游憩、礼佛而造。花园内大多是平地没有假山，也是专门为老年人而设计的。慈宁宫花园明代已有，目前的格局与清乾隆三十四年（1769 年）进行大规模改建后基本相同。

兰亭八柱亭
漂泊的兰亭碑和兰亭八柱
亭子里有一块石碑和八根刻有文字的石柱，称为兰亭碑和兰亭八柱。原来是圆明园“坐石临流”景点的旧物，圆明园被毁后，1910 年被搬到颐和园，1917 年又从颐和园运来中山公园。为了保护文物，1971 年在坛外仿照圆明园的兰亭新建了一座重檐八角亭。

双环亭（双环万寿亭、桃亭）
全国唯一的圆亭组合
双环万寿亭由一对重檐圆亭组合而成，结构奇特严谨，国内古建仅存一例。据说这是 1741 年乾隆皇帝为母亲祝寿建的，寓意一对寿桃。双环亭原来在中南海，1975 年迁到了天坛。

唐花坞
百年前就有的新式温室
唐花坞始建于 1915 年，当时为砖木结构，建房 14 间，功能就跟现在的花房差不多。唐花坞整体就像飞燕展翅，1936 年、1964 年、1992 年多次修缮。

服务

中轴线上除了那些雄伟宏大的建筑之外，还有许多容易被忽视的建筑。这些建筑承担了医疗、体育、邮政、仓储等与城市生活息息相关的公共服务功能，维持了人们生活的正常运转。

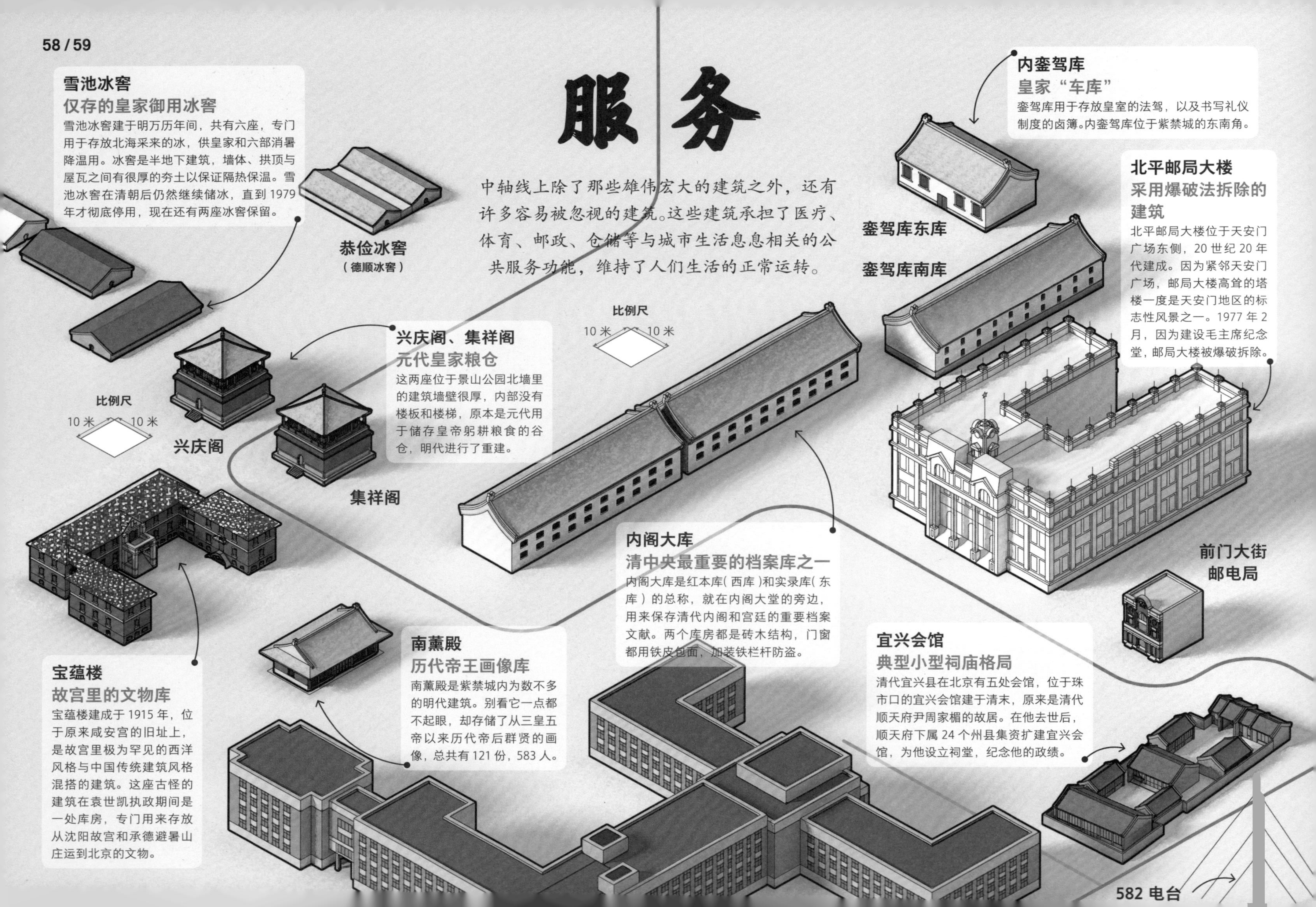

雪池冰窖

仅存的皇家御用冰窖

雪池冰窖建于明万历年间，共有六座，专门用于存放北海采来的冰，供皇家和六部消暑降温用。冰窖是半地下建筑，墙体、拱顶与屋瓦之间有很厚的夯土以保证隔热保温。雪池冰窖在清朝后仍然继续储冰，直到 1979 年才彻底停用，现在还有两座冰窖保留。

兴庆阁、集祥阁

元代皇家粮仓

这两座位于景山公园北墙里的建筑墙壁很厚，内部没有楼板和楼梯，原本是元代用于储存皇帝躬耕粮食的谷仓，明代进行了重建。

宝蕴楼

故宫里的文物库

宝蕴楼建成于 1915 年，位于原来咸安宫的旧址上，是故宫里极为罕见的西洋风格与中国传统建筑风格混搭的建筑。这座古怪的建筑在袁世凯执政期间是一处库房，专门用来存放从沈阳故宫和承德避暑山庄运到北京的文物。

南薰殿

历代帝王画像库

南薰殿是紫禁城内为数不多的明代建筑。别看它一点都不起眼，却存储了从三皇五帝以来历代帝后群贤的画像，总共有 121 份，583 人。

内阁大库

清中央最重要的档案库之一

内阁大库是红本库（西库）和实录库（东库）的总称，就在内阁大堂的旁边，用来保存清代内阁和宫廷的重要档案文献。两个库房都是砖木结构，门窗都用铁皮包面，加装铁栏杆防盗。

内銮驾库

皇家"车库"

銮驾库用于存放皇室的法驾，以及书写礼仪制度的卤簿。内銮驾库位于紫禁城的东南角。

北平邮局大楼

采用爆破法拆除的建筑

北平邮局大楼位于天安门广场东侧，20 世纪 20 年代建成。因为紧邻天安门广场，邮局大楼高耸的塔楼一度是天安门地区的标志性风景之一。1977 年 2 月，因为建设毛主席纪念堂，邮局大楼被爆破拆除。

宜兴会馆

典型小型祠庙格局

清代宜兴县在北京有五处会馆，位于珠市口的宜兴会馆建于清末，原来是清代顺天府尹周家楣的故居。在他去世后，顺天府下属 24 个州县集资扩建宜兴会馆，为他设立祠堂，纪念他的政绩。

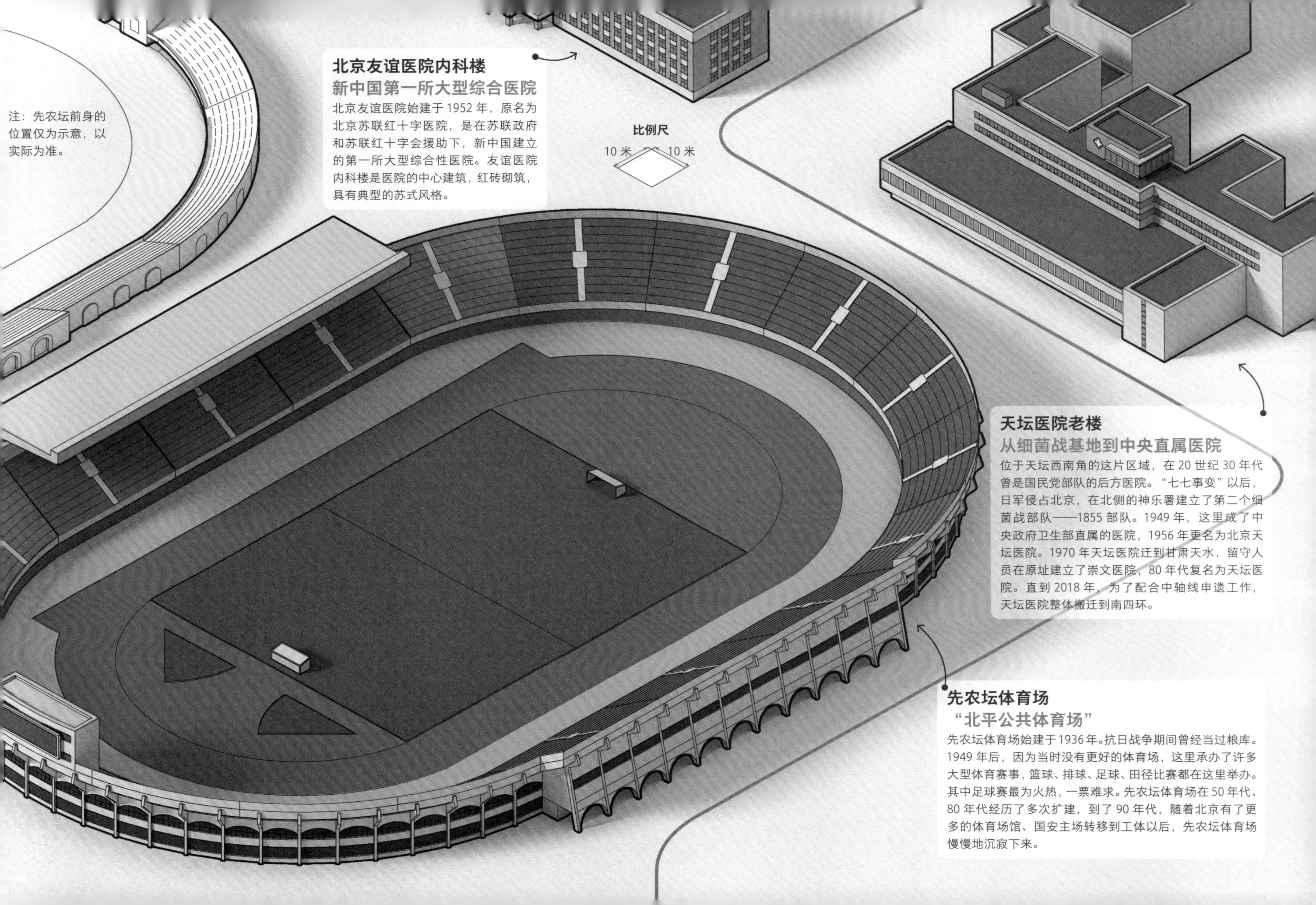

注：先农坛前身的位置仅为示意，以实际为准。

北京友谊医院内科楼

新中国第一所大型综合医院

北京友谊医院始建于 1952 年，原名为北京苏联红十字医院，是在苏联政府和苏联红十字会援助下，新中国建立的第一所大型综合性医院。友谊医院内科楼是医院的中心建筑，红砖砌筑，具有典型的苏式风格。

天坛医院老楼

从细菌战基地到中央直属医院

位于天坛西南角的这片区域，在 20 世纪 30 年代曾是国民党部队的后方医院。“七七事变”以后，日军侵占北京，在北侧的神乐署建立了第二个细菌战部队——1855 部队。1949 年，这里成了中央政府卫生部直属的医院，1956 年更名为北京天坛医院。1970 年天坛医院迁到甘肃天水，留守人员在原址建立了崇文医院，80 年代复名为天坛医院。直到 2018 年，为了配合中轴线申遗工作，天坛医院整体搬迁到南四环。

先农坛体育场

“北平公共体育场”

先农坛体育场始建于1936年。抗日战争期间曾经当过粮库。1949 年后，因为当时没有更好的体育场，这里承办了许多大型体育赛事，篮球、排球、足球、田径比赛都在这里举办。其中足球赛最为火热，一票难求。先农坛体育场在 50 年代、80 年代经历了多次扩建，到了 90 年代，随着北京有了更多的体育场馆、国安主场转移到工体以后，先农坛体育场慢慢地沉寂下来。

交 通

我们经常把中轴线想象成为一系列建筑的组合体，却经常忽略在它们之下的道路、桥梁等一系列交通建筑设施。你可能无法想象，除了道路，中轴线两侧竟然出现过火车站、港口甚至机场！它们为你观赏中轴线开辟了全新的视角。

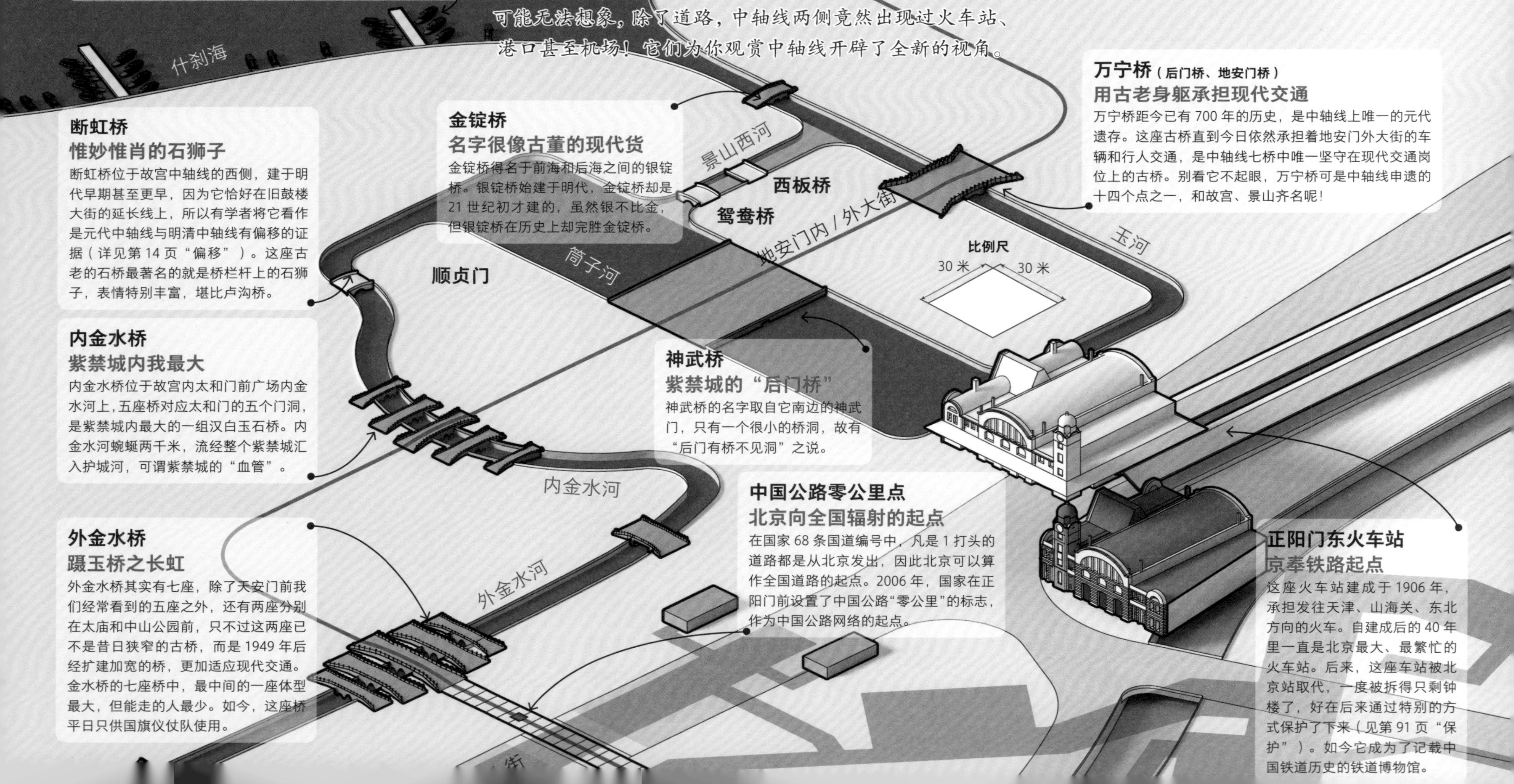

积水潭港（什刹海）

京杭大运河上的漕运码头

元朝时期，忽必烈对漕运非常重视，由于离北京最近的码头在通州，亟需将河道继续延伸，于是派郭守敬主持开辟通惠河，将大运河延长至都城内。大运河在万宁桥西边的什刹海形成了一处水陆码头——积水潭港，这里也是京杭大运河漕运的终点，积水潭港建成后，通过漕运发往大都的粮食量有了极大的提升。

北京中轴线上有几座桥？

如果说中轴线是北京的“脊梁”，那中轴线上的桥就是“脊椎”。北京中轴线上曾有七座古桥，从北到南依次是：万宁桥、神武桥、内金水桥、外金水桥、正阳桥、天桥和永定门桥。如今，神武桥和天桥已不是原来的样子，而正阳桥和永定门桥也被现代的前门大街和永定门立交桥所取代。

万宁桥（后门桥、地安门桥）

用古老身躯承担现代交通

万宁桥距今已有 700 年的历史，是中轴线上唯一的元代遗存。这座古桥直到今日依然承担着地安门外大街的车辆和行人交通，是中轴线七桥中唯一坚守在现代交通岗位上的古桥。别看它不起眼，万宁桥可是中轴线申遗的十四个点之一，和故宫、景山齐名呢！

断虹桥

惟妙惟肖的石狮子

断虹桥位于故宫中轴线的西侧，建于明代早期甚至更早，因为它恰好在旧鼓楼大街的延长线上，所以有学者将它看作是元代中轴线与明清中轴线有偏移的证据（详见第 14 页“偏移”）。这座古老的石桥最著名的就是桥栏杆上的石狮子，表情特别丰富，堪比卢沟桥。

金锭桥

名字很像古董的现代货

金锭桥得名于前海和后海之间的银锭桥。银锭桥始建于明代，金锭桥却是 21 世纪初才建的，虽然银不比金，但银锭桥在历史上却完胜金锭桥。

内金水桥

紫禁城内我最大

内金水桥位于故宫内太和门前广场内金水河上，五座桥对应太和门的五个门洞，是紫禁城内最大的一组汉白玉石桥。内金水河蜿蜒两千米，流经整个紫禁城汇入护城河，可谓紫禁城的“血管”。

神武桥

紫禁城的“后门桥”

神武桥的名字取自它南边的神武门，只有一个很小的桥洞，故有“后门有桥不见洞”之说。

外金水桥

蹑玉桥之长虹

外金水桥其实有七座，除了天安门前我们经常看到的五座之外，还有两座分别在太庙和中山公园前，只不过这两座已不是昔日狭窄的古桥，而是 1949 年后经扩建加宽的桥，更加适应现代交通。金水桥的七座桥中，最中间的一座体型最大，但能走的人最少。如今，这座桥平日只供国旗仪仗队使用。

中国公路零公里点

北京向全国辐射的起点

在国家 68 条国道编号中，凡是 1 打头的道路都是从北京发出，因此北京可以算作全国道路的起点。2006 年，国家在正阳门前设置了中国公路“零公里”的标志，作为中国公路网络的起点。

正阳门东火车站

京奉铁路起点

这座火车站建成于 1906 年，承担发往天津、山海关、东北方向的火车。自建成后的 40 年里一直是北京最大、最繁忙的火车站。后来，这座车站被北京站取代，一度被拆得只剩钟楼了，好在后来通过特别的方式保护了下来（见第 91 页“保护”）。如今它成为了记载中国铁道历史的铁道博物馆。

如何阅读这一章？

顺时针旋转
90° 阅读

本章各页的画面上都表现了很多活动，它们在页面上的位置反映了活动发生的时间和地点：越靠左的越古老，越靠上的越偏北。

古 ⟷ 今

北

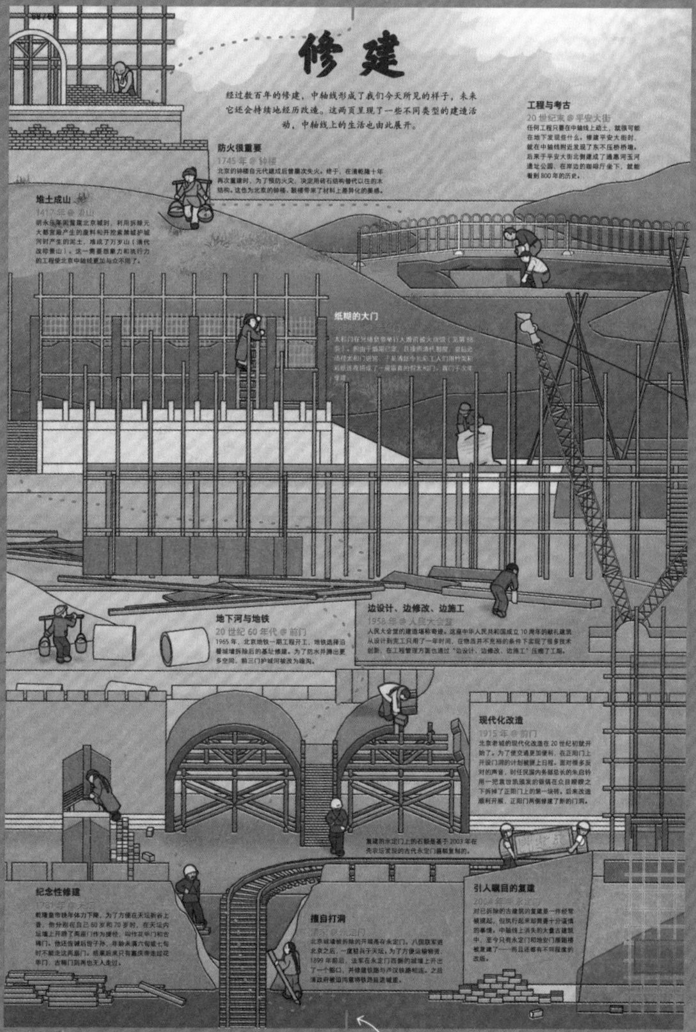

南

本章仅收录了传统中轴线上的活动，而未包括中轴线延长线上的。

不妨沿着这条红线在画面的空间里游走。

中轴线上发生过什么？

这张地图可以被视作本书第三章的索引，你将在接下来的页面里再次看到这些人物，并读到他们的故事。在继续阅读之前，你可以先看一看这些看似不相干的人物，他们因为什么出现在同一个地点？在接下来的阅读中，你也可以再翻回来，在地图上找到人物和故事具体发生的地点。

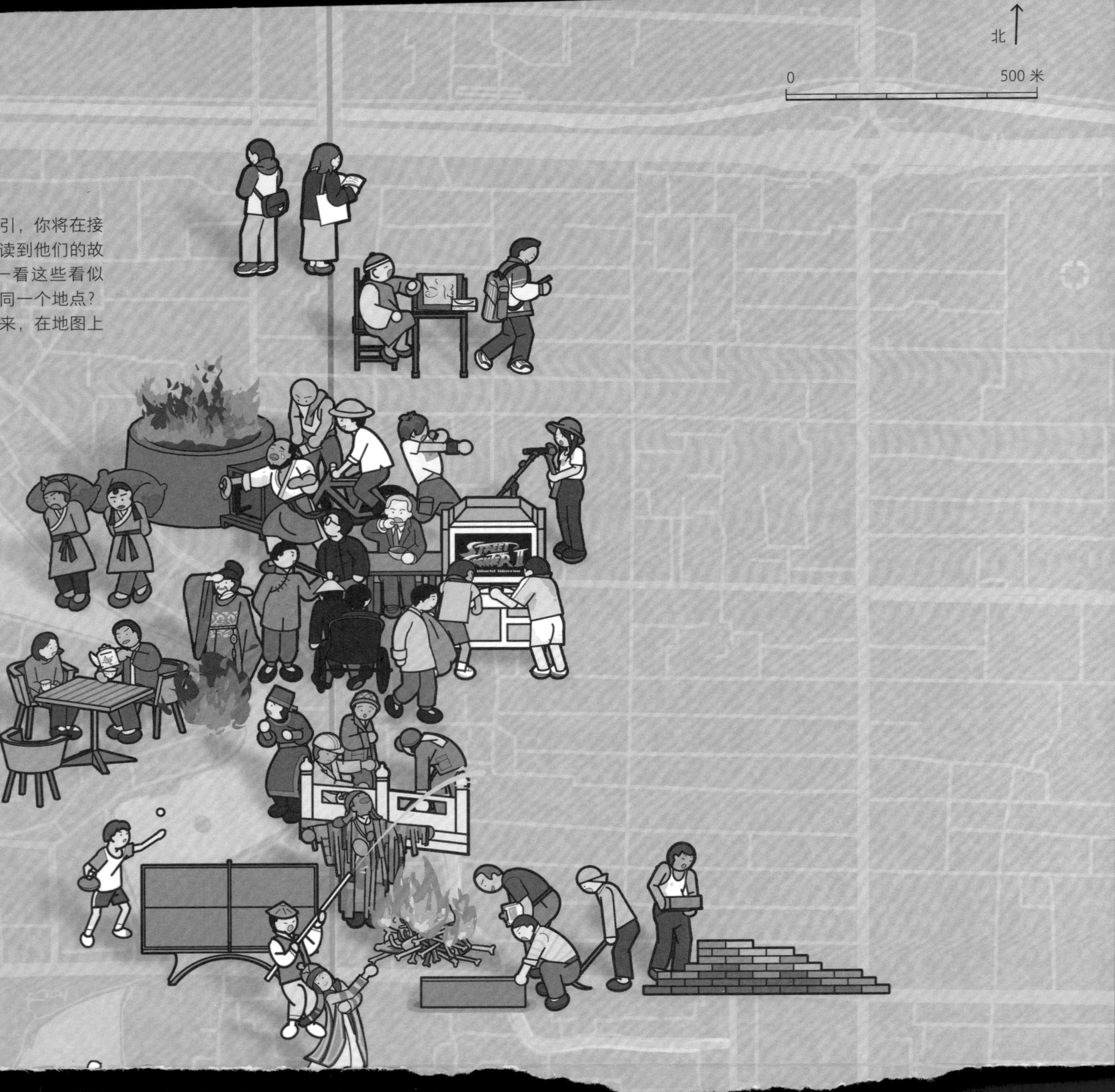

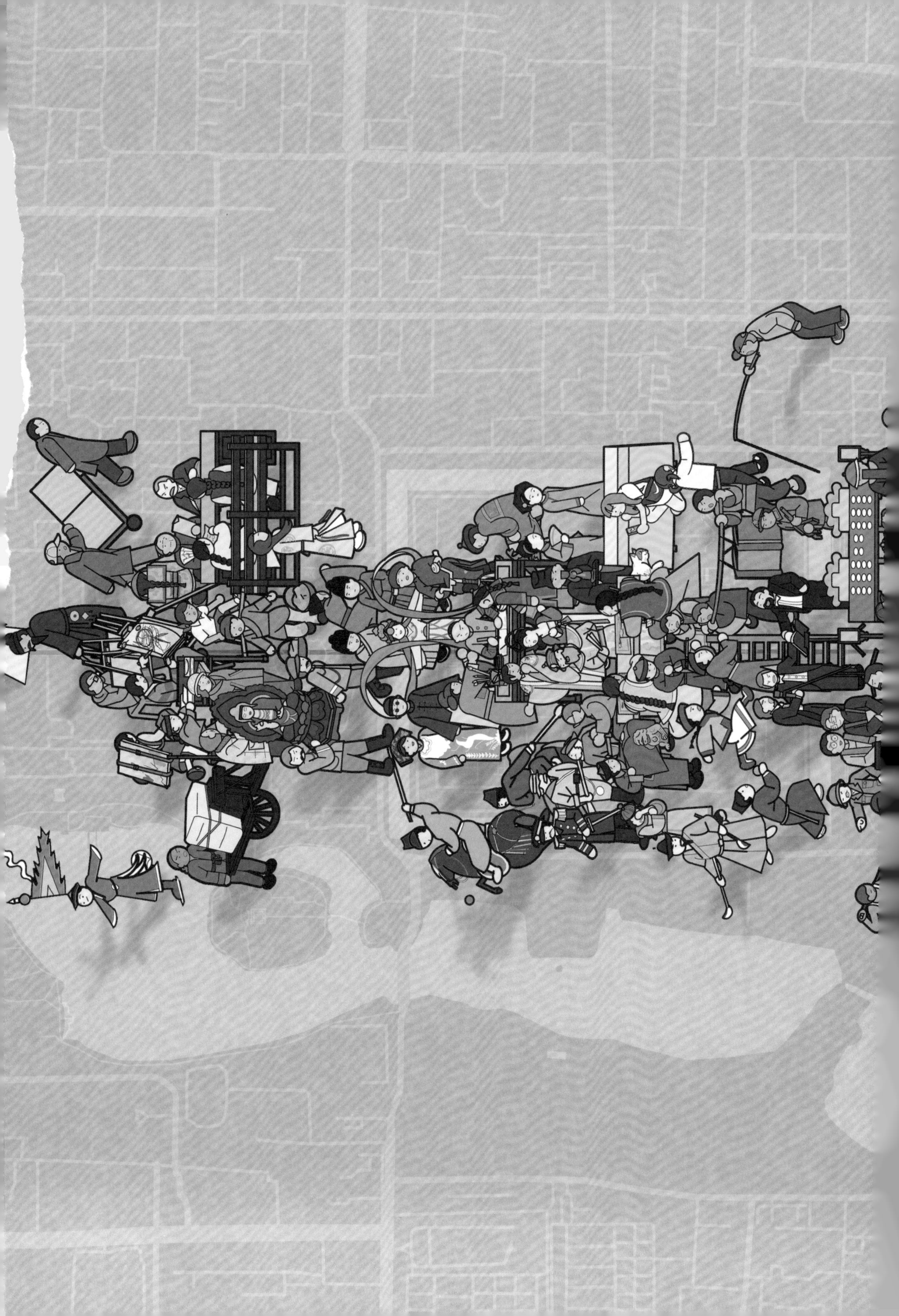

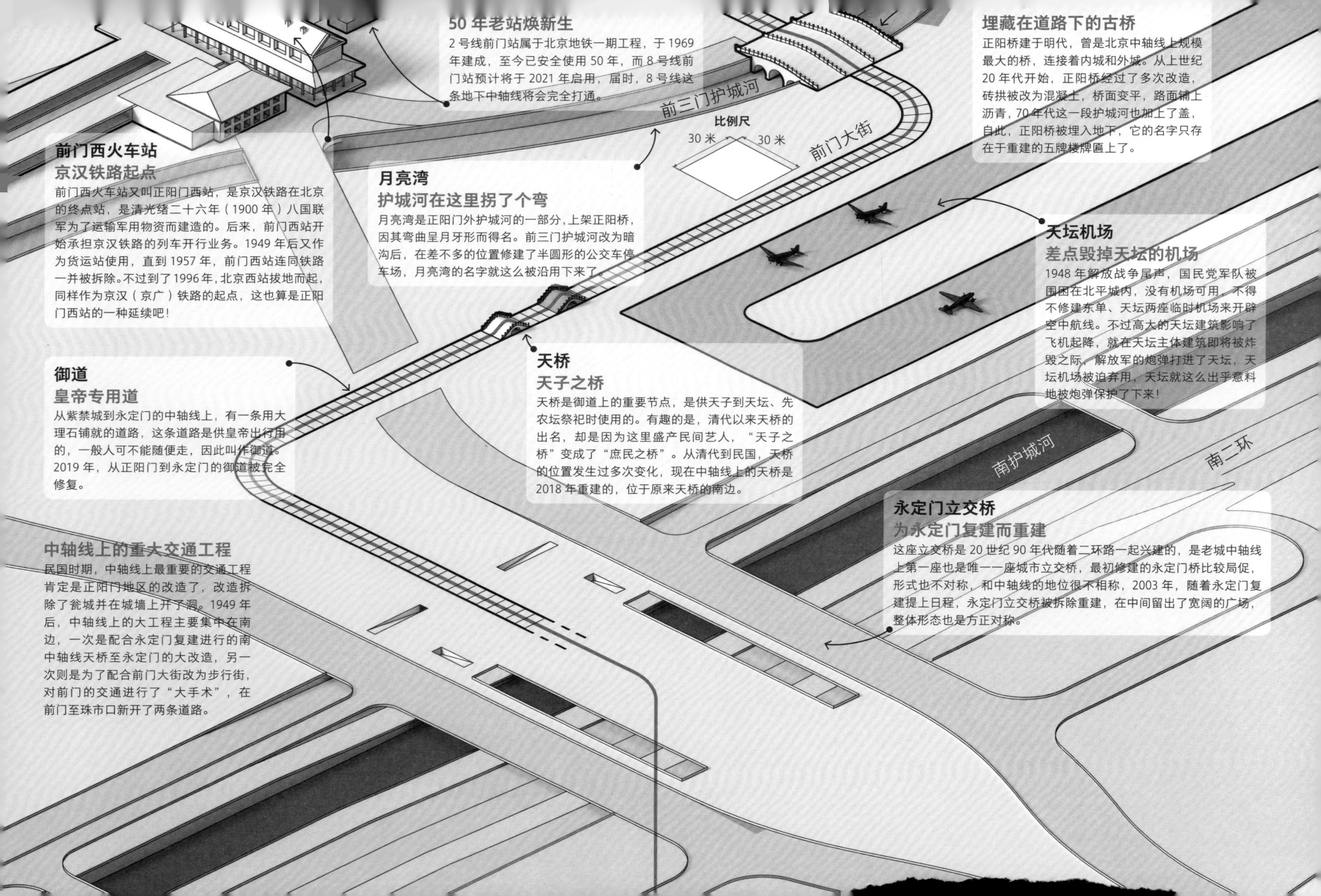

50 年老站焕新生

2 号线前门站属于北京地铁一期工程，于 1969 年建成，至今已安全使用 50 年，而 8 号线前门站预计将于 2021 年启用，届时，8 号线这条地下中轴线将会完全打通。

埋藏在道路下的古桥

正阳桥建于明代，曾是北京中轴线上规模最大的桥，连接着内城和外城。从上世纪 20 年代开始，正阳桥经过了多次改造，砖拱被改为混凝土，桥面变平，路面铺上沥青，70 年代这一段护城河也加上了盖，自此，正阳桥被埋入地下，它的名字只存在于重建的五牌楼牌匾上了。

前门西火车站
京汉铁路起点

前门西火车站又叫正阳门西站，是京汉铁路在北京的终点站，是清光绪二十六年（1900 年）八国联军为了运输军用物资而建造的。后来，前门西站开始承担京汉铁路的列车开行业务。1949 年后又作为货运站使用，直到 1957 年，前门西站连同铁路一并被拆除。不过到了1996 年，北京西站拔地而起，同样作为京汉（京广）铁路的起点，这也算是正阳门西站的一种延续吧！

月亮湾
护城河在这里拐了个弯

月亮湾是正阳门外护城河的一部分，上架正阳桥，因其弯曲呈月牙形而得名。前三门护城河改为暗沟后，在差不多的位置修建了半圆形的公交车停车场，月亮湾的名字就这么被沿用下来了。

天坛机场
差点毁掉天坛的机场

1948 年解放战争尾声，国民党军队被围困在北平城内，没有机场可用，不得不修建东单、天坛两座临时机场来开辟空中航线。不过高大的天坛建筑影响了飞机起降，就在天坛主体建筑即将被炸毁之际，解放军的炮弹打进了天坛，天坛机场被迫弃用，天坛就这么出乎意料地被炮弹保护了下来！

御道
皇帝专用道

从紫禁城到永定门的中轴线上，有一条用大理石铺就的道路，这条道路是供皇帝出行用的，一般人可不能随便走，因此叫作御道。2019 年，从正阳门到永定门的御道被完全修复。

天桥
天子之桥

天桥是御道上的重要节点，是供天子到天坛、先农坛祭祀时使用的。有趣的是，清代以来天桥的出名，却是因为这里盛产民间艺人，“天子之桥”变成了“庶民之桥”。从清代到民国，天桥的位置发生过多次变化，现在中轴线上的天桥是 2018 年重建的，位于原来天桥的南边。

中轴线上的重大交通工程

民国时期，中轴线上最重要的交通工程肯定是正阳门地区的改造了，改造拆除了瓮城并在城墙上开了洞。1949 年后，中轴线上的大工程主要集中在南边，一次是配合永定门复建进行的南中轴线天桥至永定门的大改造，另一次则是为了配合前门大街改为步行街，对前门的交通进行了“大手术”，在前门至珠市口新开了两条道路。

永定门立交桥
为永定门复建而重建

这座立交桥是 20 世纪 90 年代随着二环路一起兴建的，是老城中轴线上第一座也是唯一一座城市立交桥，最初修建的永定门桥比较局促，形式也不对称，和中轴线的地位很不相称，2003 年，随着永定门复建提上日程，永定门立交桥被拆除重建，在中间留出了宽阔的广场，整体形态也是方正对称。

修建

经过数百年的修建，中轴线形成了我们今天所见的样子，未来它还会持续地经历改造。这两页呈现了一些不同类型的建造活动，中轴线上的生活也由此展开。

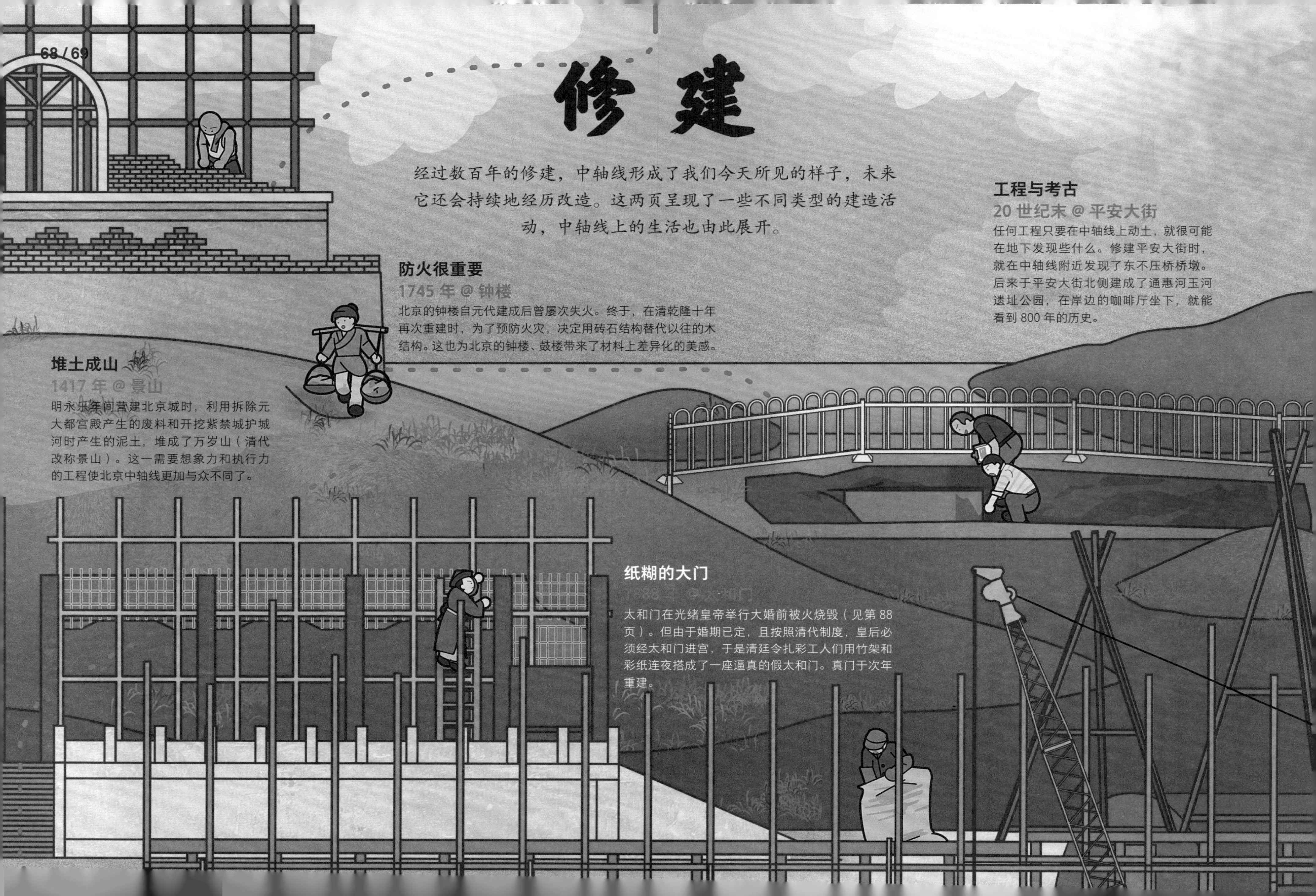

堆土成山

1417 年 @ 景山

明永乐年间营建北京城时，利用拆除元大都宫殿产生的废料和开挖紫禁城护城河时产生的泥土，堆成了万岁山（清代改称景山）。这一需要想象力和执行力的工程使北京中轴线更加与众不同了。

防火很重要

1745 年 @ 钟楼

北京的钟楼自元代建成后曾屡次失火。终于，在清乾隆十年再次重建时，为了预防火灾，决定用砖石结构替代以往的木结构。这也为北京的钟楼、鼓楼带来了材料上差异化的美感。

工程与考古

20 世纪末 @ 平安大街

任何工程只要在中轴线上动土，就很可能在地下发现些什么。修建平安大街时，就在中轴线附近发现了东不压桥桥墩。后来于平安大街北侧建成了通惠河玉河遗址公园，在岸边的咖啡厅坐下，就能看到 800 年的历史。

纸糊的大门

1888 年 @ 太和门

太和门在光绪皇帝举行大婚前被火烧毁（见第 88 页）。但由于婚期已定，且按照清代制度，皇后必须经太和门进宫，于是清廷令扎彩工人们用竹架和彩纸连夜搭成了一座逼真的假太和门。真门于次年重建。

北平市各界庆祝
北平解放联合会

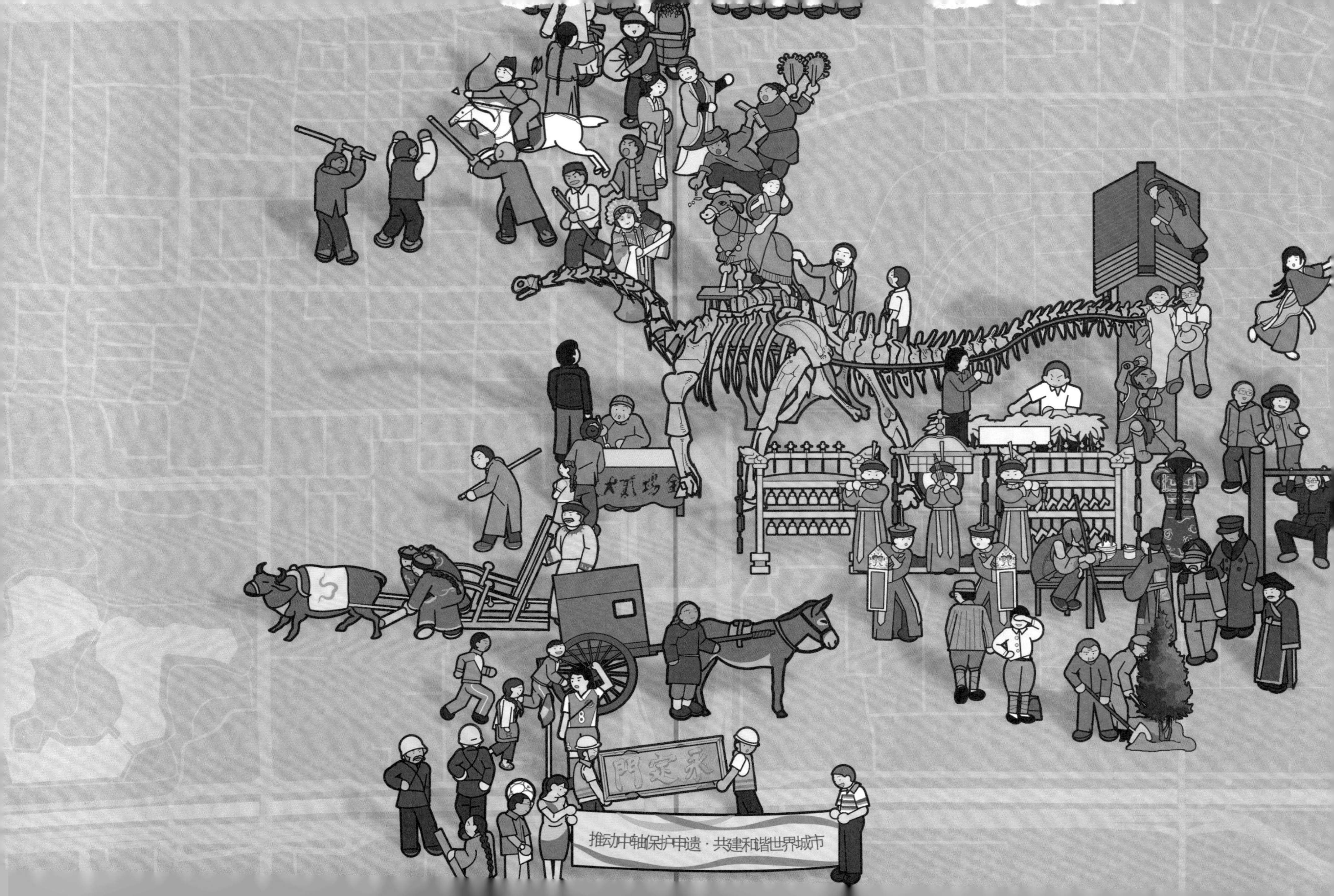
永定門
推动中轴保护申遗 · 共建和谐世界城市

3

中轴线上的生活

在这一章里，中轴线是故事发生的场所——中轴线上的故事可太多了！我们把这些故事按照各种人类活动归类和讲述（而不是更常见的按照时间或地点顺序来讲述），因此你会看到处于不同时空的人们在做着相关的事情——比如购物、吃饭、玩乐，正如你今天在中轴线上的活动一样。这也是中轴线最有趣的一点：它不单纯是凝固的历史，更是一条活的轴线，包括你我在内的每个人通过自己的生活，也在书写中轴线新的故事。

本章涉及的 14 种活动：

修建、买卖、吃喝、游玩、出行、学习、运动、表演、祭祀、破坏、着火、保护、种植、传说。

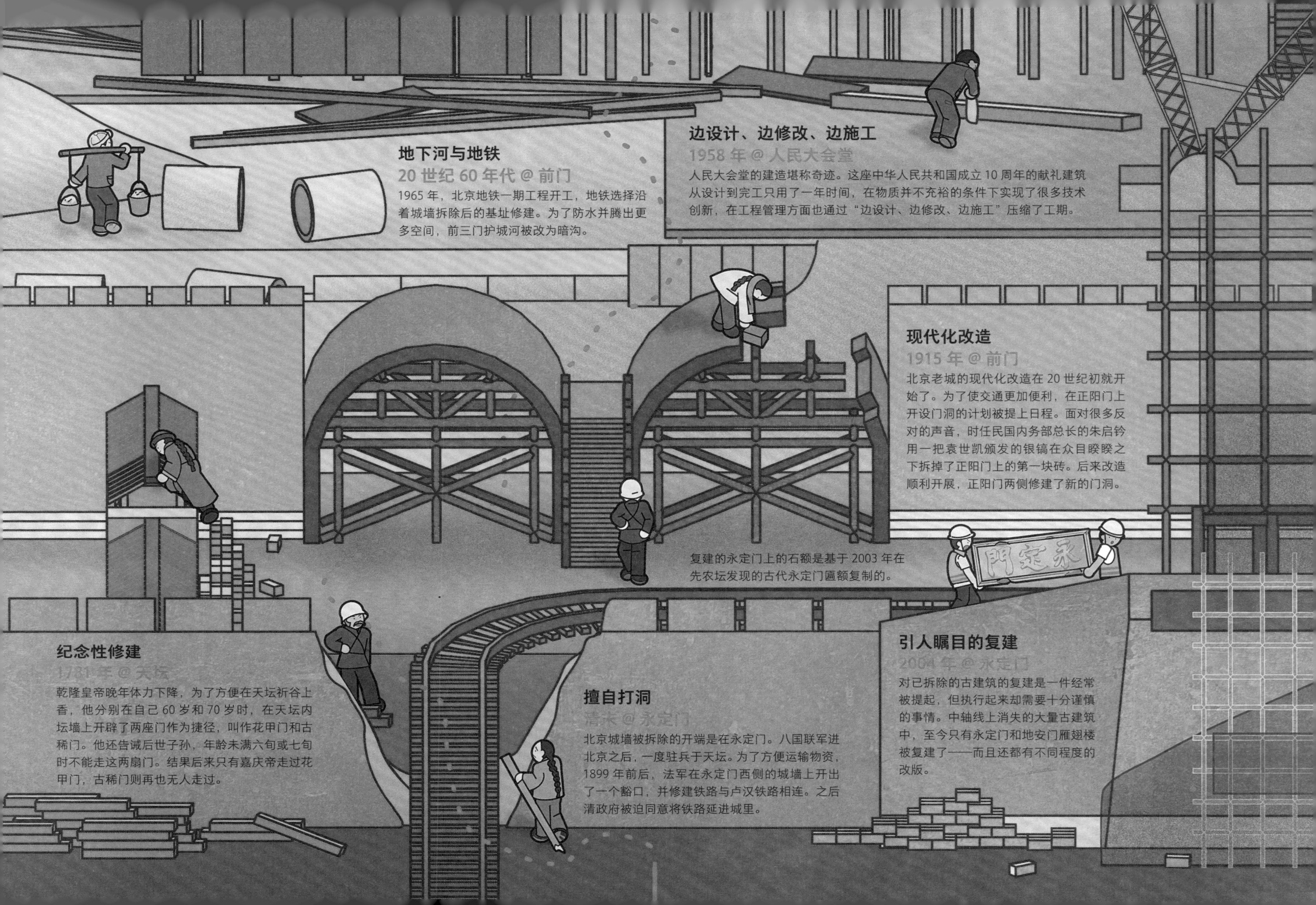

地下河与地铁

20 世纪 60 年代 @ 前门

1965 年，北京地铁一期工程开工，地铁选择沿着城墙拆除后的基址修建。为了防水并腾出更多空间，前三门护城河被改为暗沟。

边设计、边修改、边施工

1958 年 @ 人民大会堂

人民大会堂的建造堪称奇迹。这座中华人民共和国成立 10 周年的献礼建筑从设计到完工只用了一年时间，在物质并不充裕的条件下实现了很多技术创新，在工程管理方面也通过“边设计、边修改、边施工”压缩了工期。

现代化改造

1915 年 @ 前门

北京老城的现代化改造在 20 世纪初就开始了。为了使交通更加便利，在正阳门上开设门洞的计划被提上日程。面对很多反对的声音，时任民国内务部总长的朱启钤用一把袁世凯颁发的银镐在众目睽睽之下拆掉了正阳门上的第一块砖。后来改造顺利开展，正阳门两侧修建了新的门洞。

复建的永定门上的石额是基于 2003 年在先农坛发现的古代永定门匾额复制的。

纪念性修建

1781 年 @ 天坛

乾隆皇帝晚年体力下降，为了方便在天坛祈谷上香，他分别在自己 60 岁和 70 岁时，在天坛内坛墙上开辟了两座门作为捷径，叫作花甲门和古稀门。他还告诫后世子孙，年龄未满六旬或七旬时不能走这两扇门。结果后来只有嘉庆帝走过花甲门，古稀门则再也无人走过。

擅自打洞

清末 @ 永定门

北京城墙被拆除的开端是在永定门。八国联军进北京之后，一度驻兵于天坛。为了方便运输物资，1899 年前后，法军在永定门西侧的城墙上开出了一个豁口，并修建铁路与卢汉铁路相连。之后清政府被迫同意将铁路延进城里。

引人瞩目的复建

2004 年 @ 永定门

对已拆除的古建筑的复建是一件经常被提起，但执行起来却需要十分谨慎的事情。中轴线上消失的大量古建筑中，至今只有永定门和地安门雁翅楼被复建了——而且还都有不同程度的改版。

买卖

几个世纪里，北京最繁忙的商业区都坐落在中轴线上。即便是 30 年前，肯德基的中国大陆首店仍然开在了前门。如今，北京的商业中心早已向外转移，不妨回忆一下：你上次在中轴线上购物是什么时候呢？

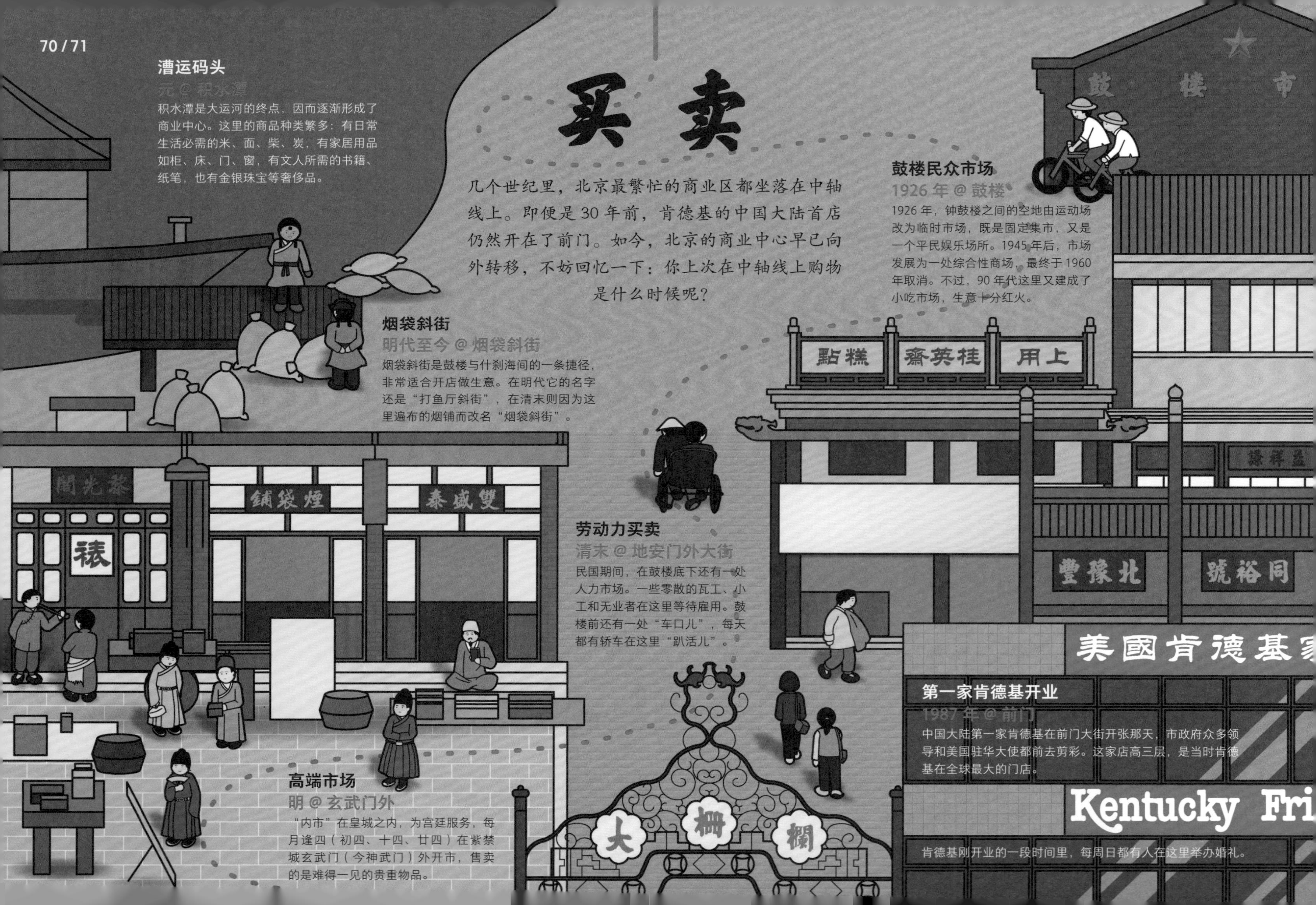

漕运码头

元 @ 积水潭

积水潭是大运河的终点，因而逐渐形成了商业中心。这里的商品种类繁多：有日常生活必需的米、面、柴、炭，有家居用品如柜、床、门、窗，有文人所需的书籍、纸笔，也有金银珠宝等奢侈品。

鼓楼民众市场

1926 年 @ 鼓楼

1926 年，钟鼓楼之间的空地由运动场改为临时市场，既是固定集市，又是一个平民娱乐场所。1945 年后，市场发展为一处综合性商场，最终于 1960 年取消。不过，90 年代这里又建成了小吃市场，生意十分红火。

烟袋斜街

明代至今 @ 烟袋斜街

烟袋斜街是鼓楼与什刹海间的一条捷径，非常适合开店做生意。在明代它的名字还是“打鱼厅斜街”，在清末则因为这里遍布的烟铺而改名“烟袋斜街”。

劳动力买卖

清末 @ 地安门外大街

民国期间，在鼓楼底下还有一处人力市场。一些零散的瓦工、小工和无业者在这里等待雇用。鼓楼前还有一处“车口儿”，每天都有轿车在这里“趴活儿”。

第一家肯德基开业

1987 年 @ 前门

中国大陆第一家肯德基在前门大街开张那天，市政府众多领导和美国驻华大使都前去剪彩。这家店高三层，是当时肯德基在全球最大的门店。

肯德基刚开业的一段时间里，每周日都有人在这里举办婚礼。

高端市场

明 @ 玄武门外

“内市”在皇城之内，为宫廷服务，每月逢四（初四、十四、廿四）在紫禁城玄武门（今神武门）外开市，售卖的是难得一见的贵重物品。

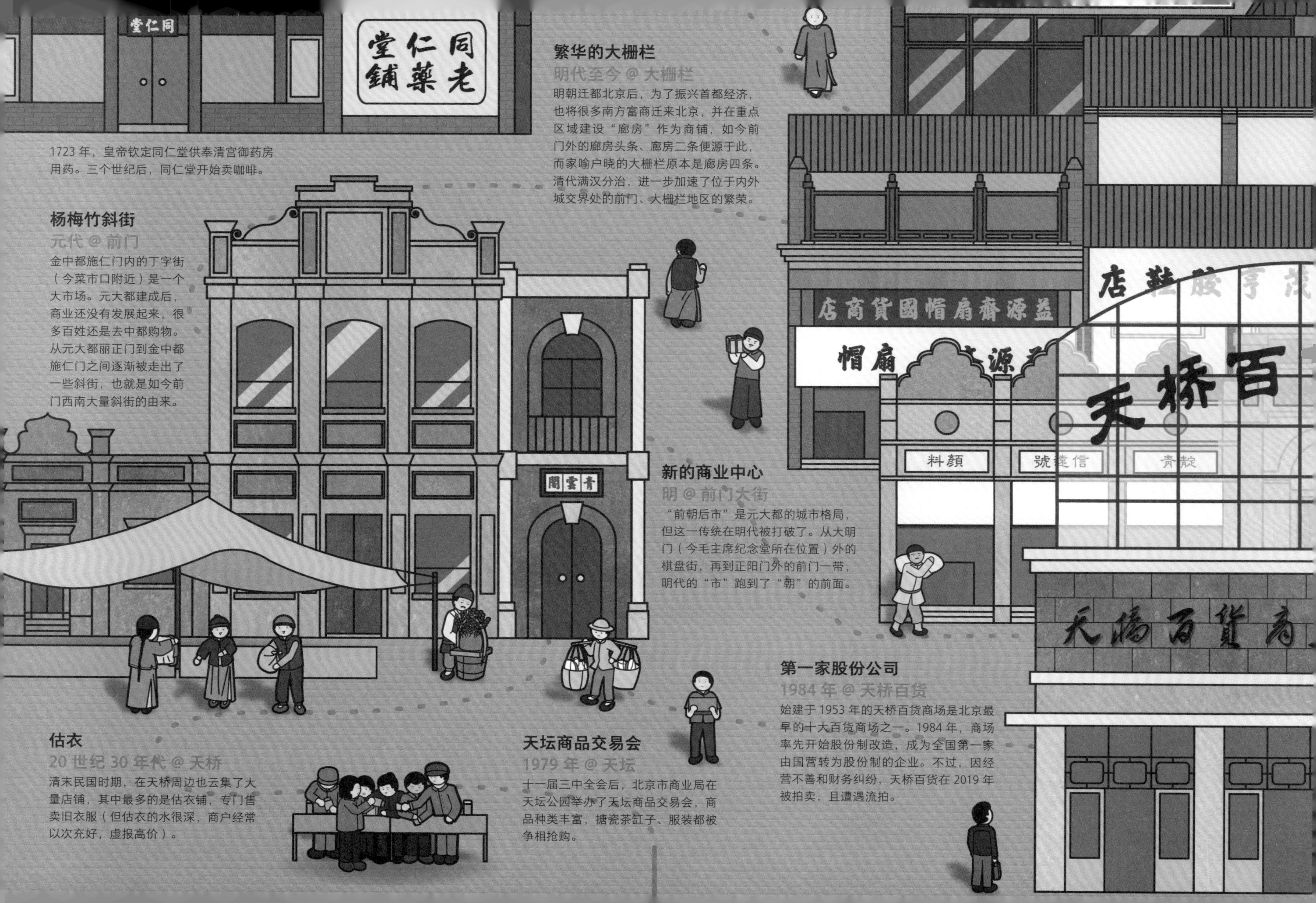

1723 年，皇帝钦定同仁堂供奉清宫御药房用药。三个世纪后，同仁堂开始卖咖啡。

繁华的大栅栏

明代至今 @ 大栅栏

明朝迁都北京后，为了振兴首都经济，也将很多南方富商迁来北京，并在重点区域建设“廊房”作为商铺，如今前门外的廊房头条、廊房二条便源于此，而家喻户晓的大栅栏原本是廊房四条。清代满汉分治，进一步加速了位于内外城交界处的前门、大栅栏地区的繁荣。

杨梅竹斜街

元代 @ 前门

金中都施仁门内的丁字街（今菜市口附近）是一个大市场。元大都建成后，商业还没有发展起来，很多百姓还是去中都购物。从元大都丽正门到金中都施仁门之间逐渐被走出了一些斜街，也就是如今前门西南大量斜街的由来。

新的商业中心

明 @ 前门大街

“前朝后市”是元大都的城市格局，但这一传统在明代被打破了。从大明门（今毛主席纪念堂所在位置）外的棋盘街，再到正阳门外的前门一带，明代的“市”跑到了“朝”的前面。

第一家股份公司

1984 年 @ 天桥百货

始建于 1953 年的天桥百货商场是北京最早的十大百货商场之一。1984 年，商场率先开始股份制改造，成为全国第一家由国营转为股份制的企业。不过，因经营不善和财务纠纷，天桥百货在 2019 年被拍卖，且遭遇流拍。

估衣

20 世纪 30 年代 @ 天桥

清末民国时期，在天桥周边也云集了大量店铺，其中最多的是估衣铺，专门售卖旧衣服（但估衣的水很深，商户经常以次充好，虚报高价）。

天坛商品交易会

1979 年 @ 天坛

十一届三中全会后，北京市商业局在天坛公园举办了天坛商品交易会，商品种类丰富，搪瓷茶缸子、服装都被争相抢购。

吃喝

沿着中轴线一路吃下去是怎样的体验？这两页呈现了从古至今中轴线上一些重要餐饮场所的典型菜肴，可以为你提供一点想象……

南粮北调

元代 @ 积水潭

元代郭守敬主持修建的通惠河贯通后，江南、黄淮等地的粮食可以直达大都的中心积水潭。但在明清两代，通惠河淤塞，粮食只能抵达通州后再陆运进京。

下划线文字为代表性餐厅或场合，加粗的是如今仍在营业的餐厅。

八大楼

清末至民国 @ 前门等地

清朝中后期，朝廷中籍贯山东的官员很多，很多山东人也顺势来京经商，开办饭庄，于是鲁菜也逐渐成为北京饮食界的主要菜系。鲁菜饭庄中最有名的是“八大楼”，其中多家在大栅栏一带。

副食店

20 世纪 50 年代至今

@ 赵府街

“副食”源于计划经济时期，和“主食”分开管理，指经过精加工的食品。这个概念已经离我们越来越远，但在鼓楼东边的赵府街，北京最后一家国营副食店至今仍在运营。

清真菜

清代至今 @ 前门等地

尽管中轴线上的清真餐厅不如牛街集中，但因为历史上前门外和鼓楼附近也是回民聚居区，这两个区域的清真菜馆也不少。

皇家美食

元、明、清 @ 宫城

元代的宫廷饮食还稍显粗犷，到了明、清两朝则愈发繁复奢侈。到了清代末期，慈禧太后每顿饭都要设筵席，菜品超过 140 种。

国宴

1949 年至今 @ 人民大会堂

我国的国宴一般设在人民大会堂或钓鱼台国宾馆。在 1984 年之后，国宴被统一规定为“四菜

整羊宴
元代宫廷
蟹宴
明代宫廷
明代宫中每年秋季举办蟹会，“三五成群，攒坐共食，剔蟹比巧”。
竹叶青
良酿署
满汉全席
清代宫廷
羊肉火锅
清代宫廷
“满汉全席”存在吗？
清 @ 紫禁城
满汉全席可能塑造了很多中国人对饮食的终极想象，但根据一些学者的研究，清代宫廷文献从未有过“满汉全席”的记载。这个词最早在官府文件中出现，之后则在民间流传开来。
酒 馆
茶 馆
茶馆文化
“茶馆”的概念始于明代，经过清代的发展，到民国时已经发展出了各种类型，如清茶馆、书茶馆、棋茶馆、野茶馆、茶酒馆、茶饭馆、武术茶馆等。
粮行与粮市
元代至今 @ 钟鼓楼、天桥等地
古代北京的粮食交易场所与城市商业区基本吻合，最主要的就在钟鼓楼和前门外。前门大街西侧的粮食店街就源自明代的粮食交易。1949 年前，北京最大的粮油批发市场则位于天桥，交易量可达全市的 70%。
采冰藏冰
明、清 @ 北海等地
为了在夏天给皇室消暑降温、储藏食品，采冰工人会在冬天的北海、筒子河、护城河上采冰，并储存在冰窖里。清代北京城内共有十八座官窖。清末允许民间采冰后，民间冰窖也开始出现。
民国期间鸡尾酒会成为了一种新潮的社交活动。
西 餐
咖啡
来今雨轩
2011 年，时任美国副总统的拜登来到鼓楼下的姚记炒肝，据说消费了 79 元。
高朋满座
民国 @ 来今雨轩
来今雨轩不仅是著名的茶楼和饭馆，也是近代一些社会名流聚会的地方。张恨水的《啼笑因缘》在此诞生，鲁迅在来今雨轩的茶座上，与友人共同翻译了《小约翰》。
铁扒杂拌
吉士林西餐咖啡馆
牛肉通心粉
撷英番菜馆
爆肚
爆肚冯
馄饨
馄饨侯
灌肠
福兴居
小 吃
炒肝
会仙居、姚记炒肝
烧麦、炸三角
都一处
焦圈、排叉、艾窝窝、驴打滚
护国寺小吃
豆汁、油条
豆汁王
中轴线上的粮库
1948—2002 年 @ 永定门
1948 年，为了储存“美国面粉”，在永定门外设置了一处设施齐全的粮库。永定门粮库在 2002 年被爆破拆除，标志着北京所有粮仓储备设施搬迁出城的计划全部完成。

游 玩

中轴线给人的第一印象也许是庄严的，但中轴线并非只有一种特质，这两页展示的就是它轻松的一面！欢迎来到“中轴线游乐园”！

亲近自然

明、清 @ 什刹海

什刹海作为北京城内难得的公共湖区，让人们可以方便地享受自然美景。明代文人在湖畔宴请宾客、采摘菱角、燃放烟花，更是有“银锭观山”这样的经典景观。有人在游览什刹海后写到“江以北来，无此胜游”，足以想象他当时的兴奋。

“中国秋叶原”

20 世纪 90 年代 @ 什刹海

从 80 年代末开始，鼓楼周边就聚集起了动漫游戏类门店，最多的时候达到五六十家，被誉为“中国秋叶原”。90 年代初，街机厅甚至开进了鼓楼里。

露天茶馆

20 世纪 @ 后海

从 20 世纪初开始，夏天在后海岸边就经常布置季节性的露天茶馆，直到世纪末逐渐被酒吧取代。

“九大行星”

20 世纪末 @ 景山

少年宫里的“九大行星”攀爬架在 80 年代修建，曾令多少孩子吓到腿软却又欲罢不能。在 2008 年被拆除。

观赏冰灯

20 世纪末 @ 景山

上世纪八九十年代，景山公园每年冬天都在公园东北角举办冰灯展，高大的冰滑梯尤其受欢迎。

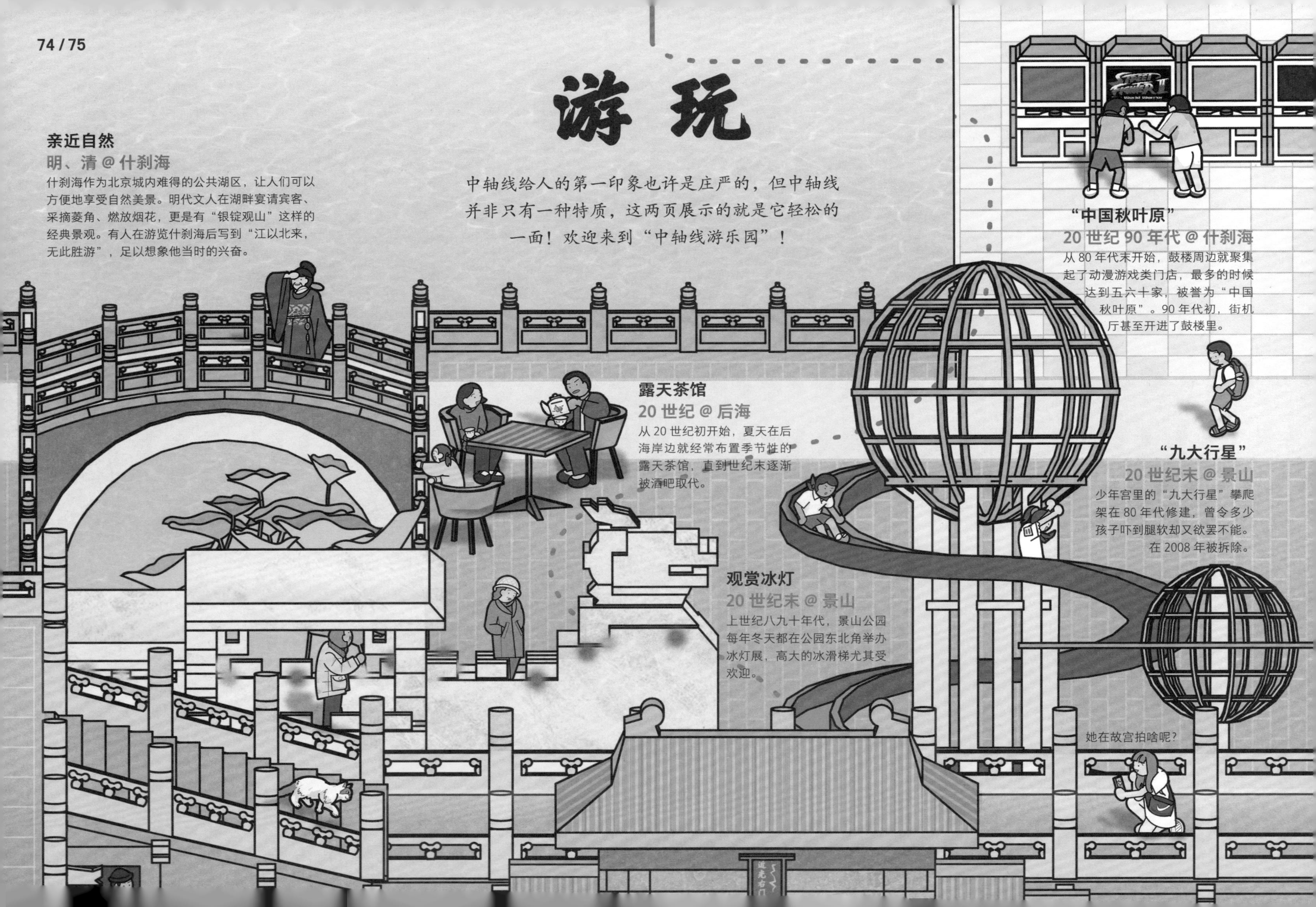

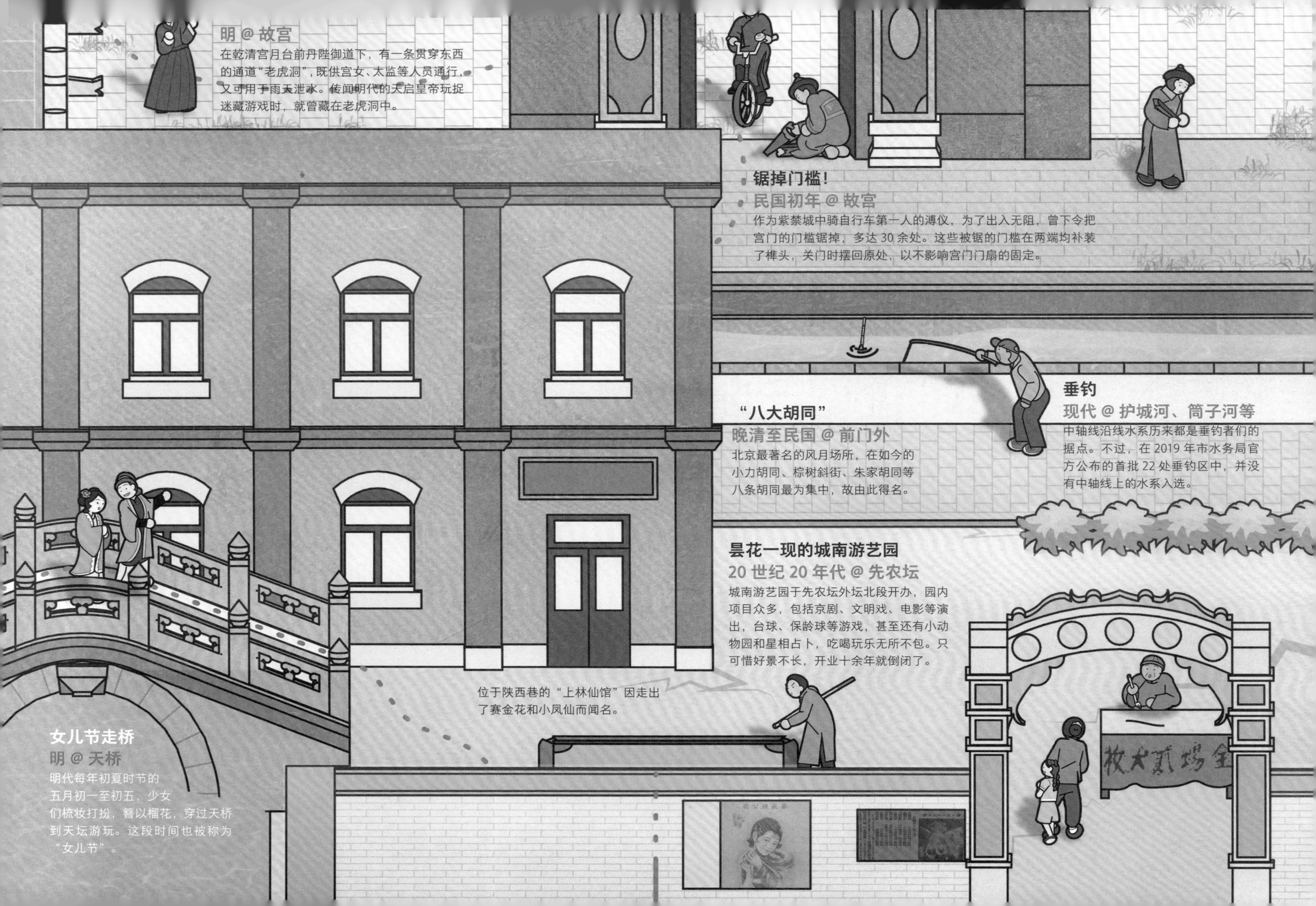
明 @ 故宫
在乾清宫月台前丹陛御道下，有一条贯穿东西的通道“老虎洞”，既供宫女、太监等人员通行，又可用于雨天泄水。传闻明代的天启皇帝玩捉迷藏游戏时，就曾藏在老虎洞中。
锯掉门槛！
民国初年 @ 故宫
作为紫禁城中骑自行车第一人的溥仪，为了出入无阻，曾下令把宫门的门槛锯掉，多达 30 余处。这些被锯的门槛在两端均补装了榫头，关门时摆回原处，以不影响宫门门扇的固定。
“八大胡同”
晚清至民国 @ 前门外
北京最著名的风月场所，在如今的小力胡同、棕树斜街、朱家胡同等八条胡同最为集中，故由此得名。
垂钓
现代 @ 护城河、筒子河等
中轴线沿线水系历来都是垂钓者们的据点。不过，在 2019 年市水务局官方公布的首批 22 处垂钓区中，并没有中轴线上的水系入选。
昙花一现的城南游艺园
20 世纪 20 年代 @ 先农坛
城南游艺园于先农坛外坛北段开办，园内项目众多，包括京剧、文明戏、电影等演出，台球、保龄球等游戏，甚至还有小动物园和星相占卜，吃喝玩乐无所不包。只可惜好景不长，开业十余年就倒闭了。
位于陕西巷的“上林仙馆”因走出了赛金花和小凤仙而闻名。
女儿节走桥
明 @ 天桥
明代每年初夏时节的五月初一至初五，少女们梳妆打扮，簪以榴花，穿过天桥到天坛游玩。这段时间也被称为“女儿节”。

出行

很多北京人把中轴线叫成“中轴路”。尽管并没有一条名为“中轴路”的路，中轴线确实肩负着重要的交通功能，甚至拥有很多北京交通史上的“第一”。

象辇

元 @ 万宁桥

元朝皇帝外出有时会骑乘大象，而元大都的象房就在万宁桥附近。每次大象在积水潭洗浴时，都会引来路人驻足观看。

8 号线开通

2012 年 @ 鼓楼大街

地铁 8 号线的规划始于 1983 年，那时它还有地安门站。最初的规划和如今实行的方案都没有严格沿中轴线走。北边它们都选择了旧鼓楼大街，南边都绕过了故宫。

双层旅游巴士开通

1993 年 @ 前门至亚运村

为适应观光旅游需求，1993 年北京开辟了 3 条双层车线路，其中特 2 路往返于前门和亚运村。

公共汽车上线

1935 年 @ 东华门

为了弥补电车运力不足和服务范围有限的缺点，北平市政府在 1935 年购买了汽车用作公共交通，当时开通的 5 条线路全部路过了中轴线。

最早的无轨电车

1956 年 @ 天安门

北京的第一辆无轨电车在 1956 年研制成功。当年国庆节，两辆样车被摆到天安门广场上向公众展示。

天安门与自行车

20 世纪 70—80 年代 @ 天安门

着蓝、白、绿色衣服的人们骑着自行车沿宽阔的长安街经过天安门的场景是 70—80 年代北京的经典景观。甚至曾任美国驻华联络处主任的老布什都有这样一张照片。

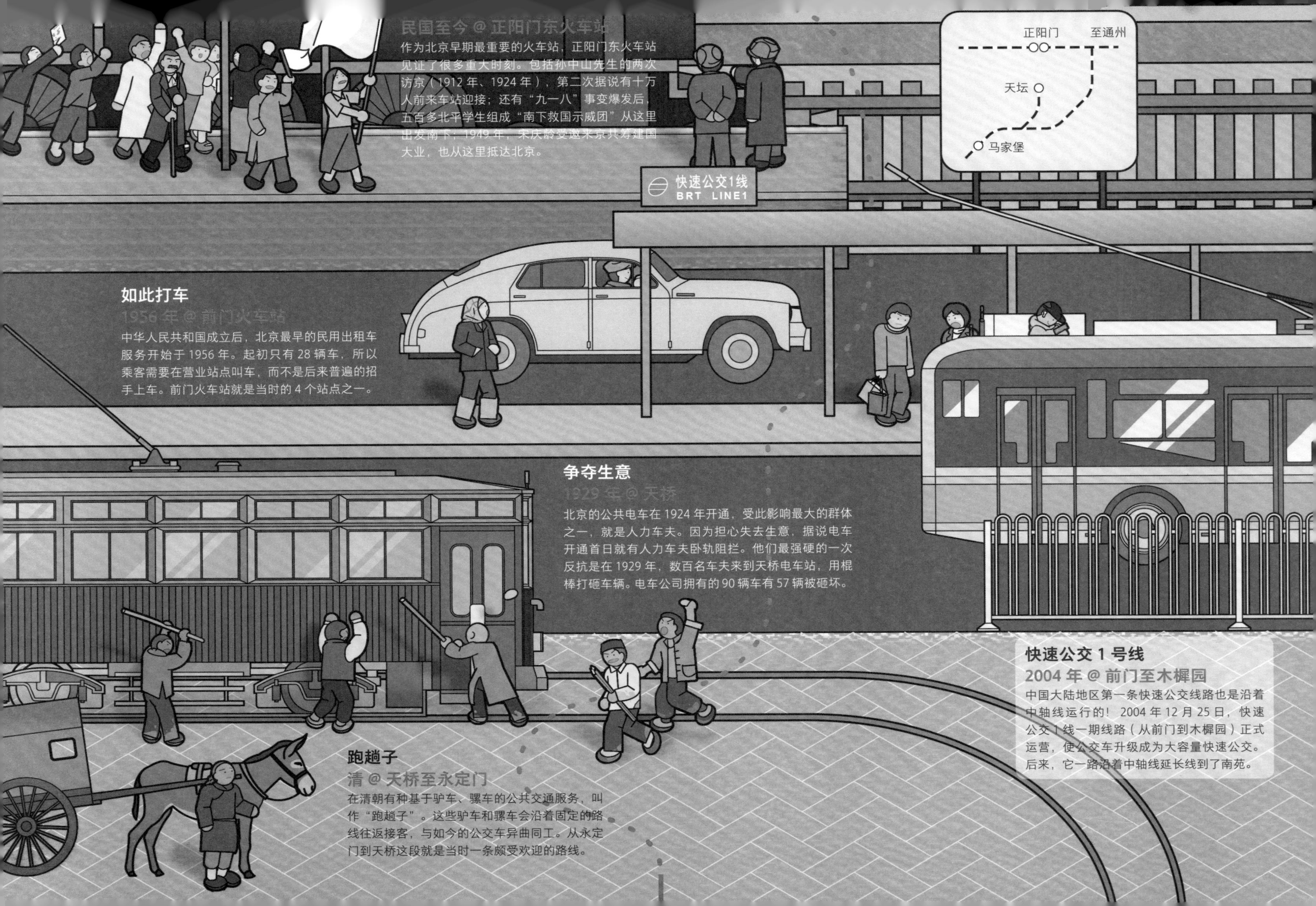

民国至今 @ 正阳门东火车站

作为北京早期最重要的火车站，正阳门东火车站见证了很多重大时刻。包括孙中山先生的两次访京（1912 年、1924 年），第二次据说有十万人前来车站迎接；还有“九一八”事变爆发后，五百多北平学生组成“南下救国示威团”从这里出发南下；1949 年，宋庆龄受邀来京共筹建国大业，也从这里抵达北京。

如此打车

1956 年 @ 前门火车站

中华人民共和国成立后，北京最早的民用出租车服务开始于 1956 年。起初只有 28 辆车，所以乘客需要在营业站点叫车，而不是后来普遍的招手上车。前门火车站就是当时的 4 个站点之一。

争夺生意

1929 年 @ 天桥

北京的公共电车在 1924 年开通，受此影响最大的群体之一，就是人力车夫。因为担心失去生意，据说电车开通首日就有人力车夫卧轨阻拦。他们最强硬的一次反抗是在 1929 年，数百名车夫来到天桥电车站，用棍棒打砸车辆。电车公司拥有的 90 辆车有 57 辆被砸坏。

快速公交 1 号线

2004 年 @ 前门至木樨园

中国大陆地区第一条快速公交线路也是沿着中轴线运行的！2004 年 12 月 25 日，快速公交 1 线一期线路（从前门到木樨园）正式运营，使公交车升级成为大容量快速公交。后来，它一路沿着中轴线延长线到了南苑。

跑趟子

清 @ 天桥至永定门

在清朝有种基于驴车、骡车的公共交通服务，叫作“跑趟子”。这些驴车和骡车会沿着固定的路线往返接客，与如今的公交车异曲同工。从永定门到天桥这段就是当时一条颇受欢迎的路线。

学习

这两页画出了历代年轻人在中轴线上上学、考试、读书的故事。“少年强则国强”，从这个角度看，在中轴线上开展的教育活动似乎有了特殊的意义。

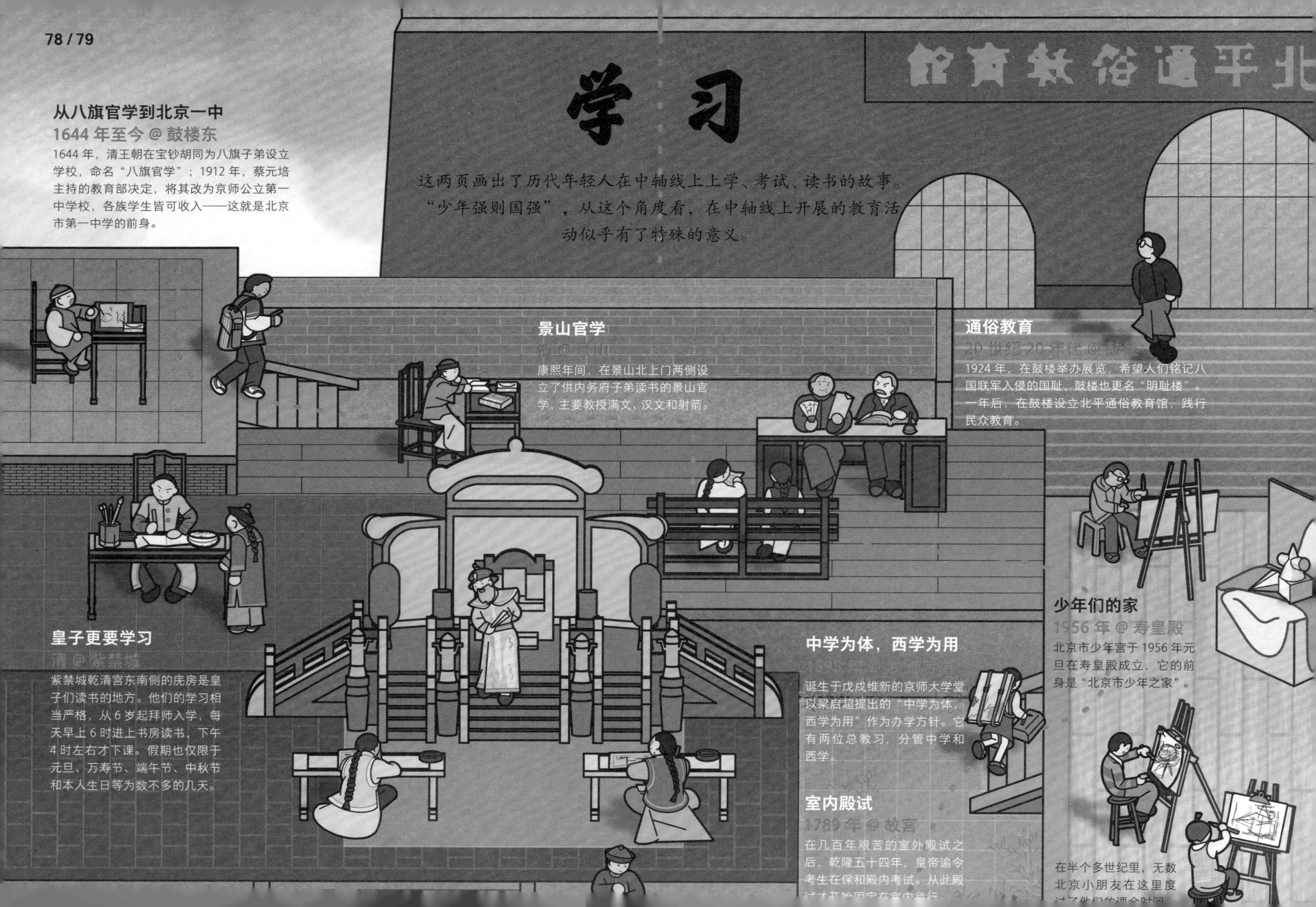

从八旗官学到北京一中

1644 年至今 @ 鼓楼东

1644 年，清王朝在宝钞胡同为八旗子弟设立学校，命名“八旗官学”；1912 年，蔡元培主持的教育部决定，将其改为京师公立第一中学校，各族学生皆可收入——这就是北京市第一中学的前身。

皇子更要学习

清 @ 紫禁城

紫禁城乾清宫东南侧的庑房是皇子们读书的地方。他们的学习相当严格，从 6 岁起拜师入学，每天早上 6 时进上书房读书，下午 4 时左右才下课。假期也仅限于元旦、万寿节、端午节、中秋节和本人生日等为数不多的几天。

景山官学

清 @ 景山

康熙年间，在景山北上门两侧设立了供内务府子弟读书的景山官学，主要教授满文、汉文和射箭。

通俗教育

20 世纪 20 年代 @ 鼓楼

1924 年，在鼓楼举办展览，希望人们铭记八国联军入侵的国耻，鼓楼也更名“明耻楼”。一年后，在鼓楼设立北平通俗教育馆，践行民众教育。

中学为体，西学为用

1898 年 @ [illegible]

诞生于戊戌维新的京师大学堂以梁启超提出的“中学为体，西学为用”作为办学方针。它有两位总教习，分管中学和西学。

室内殿试

1789 年 @ 故宫

在几百年艰苦的室外殿试之后，乾隆五十四年，皇帝谕令考生在保和殿内考试。从此殿试才开始固定在室内举行

少年们的家

1956 年 @ 寿皇殿

北京市少年宫于 1956 年元旦在寿皇殿成立，它的前身是“北京市少年之家”。

在半个多世纪里，无数北京小朋友在这里度

明代的殿试在太和殿前广场举行，清代先在天安门前，后改为太和殿东西阁阶下——总之，都是露天考试。
书市
1980 年 @ 劳动人民文化宫
1980 年，第一届全国书市在劳动人民文化宫举办，历时 15 天，迎来读者 76 万人。后来这里定期举办书市，直到 2002 年迁至地坛公园。
台湾会馆
郑成功收复台湾后，也把科举制度带了过去，之后便陆续有台湾举人来北京参加会试。像很多其他地区一样，用于接待、扶助、联络同乡的会馆也由此诞生。
牛血与留学
留学路其实和留学没什么关系。相传那里在元朝曾有个宰牛场，因此在当时得名“牛血路”。显然这个名字太血腥了，民国时期就雅化成了“留学路”。
留学路
LIUXUE Rd
自然博物馆开放
1959 年 @ 天桥
20 世纪 50 年代初，北京的自然博物馆位于故宫内（能想象去故宫看化石标本吗）。1959 年，自然博物馆在天桥建成开放。
第一只中国人发现的恐龙——许氏禄丰龙
育才小学进驻先农坛
育才小学为养教奔赴前线的志士子女而创立，战争时期曾辗转于多地。1949 年，随党中央入京，迁入了先农坛。

运动

众所周知，北京曾经在中轴线延长线上举办了亚运会和奥运会。但事实上，中轴线与体育运动结缘，要比这两次体育盛会早得多呢！

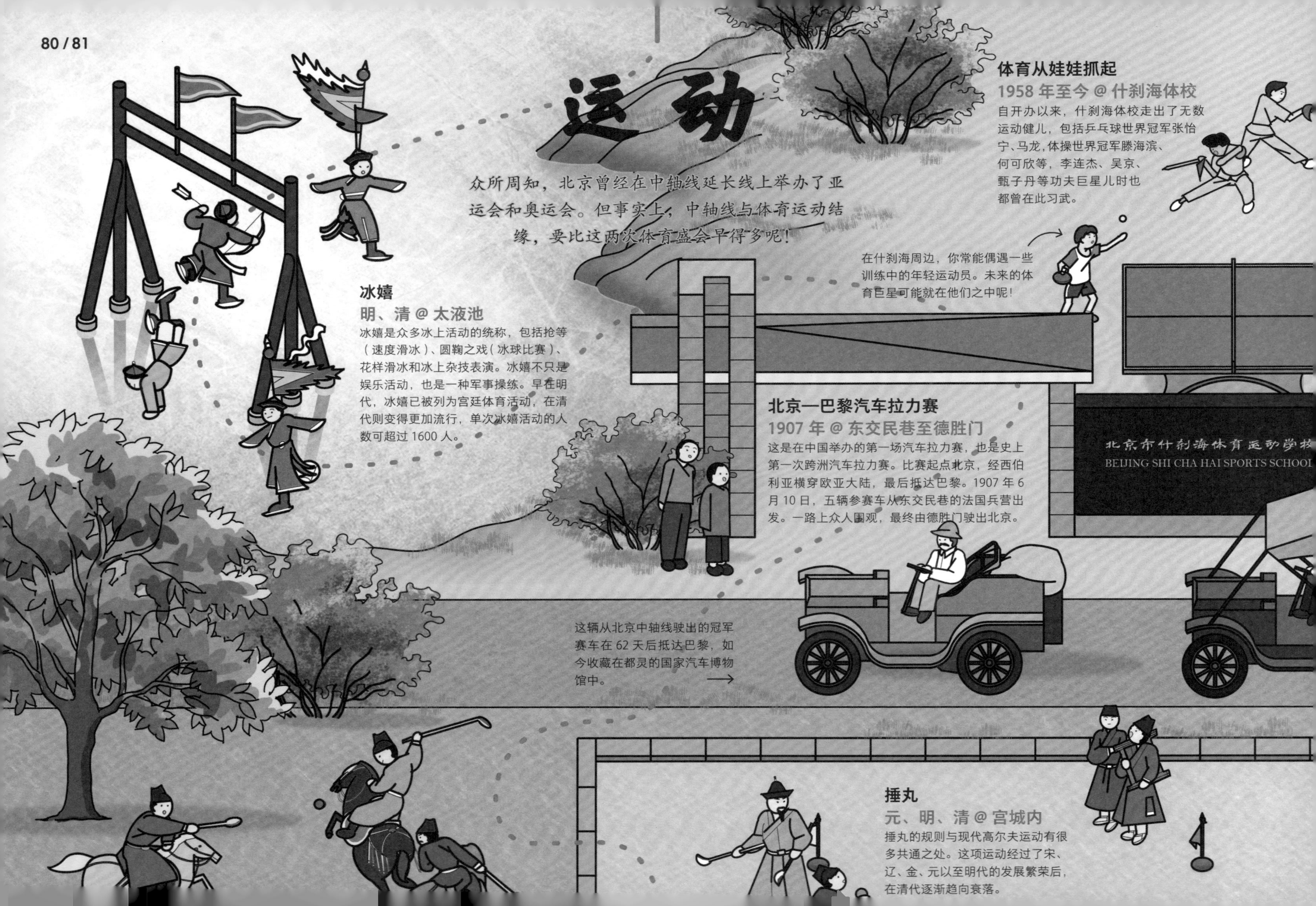

冰嬉

明、清 @ 太液池

冰嬉是众多冰上活动的统称，包括抢等（速度滑冰）、圆鞠之戏（冰球比赛）、花样滑冰和冰上杂技表演。冰嬉不只是娱乐活动，也是一种军事操练。早在明代，冰嬉已被列为宫廷体育活动，在清代则变得更加流行，单次冰嬉活动的人数可超过 1600 人。

体育从娃娃抓起

1958 年至今 @ 什刹海体校

自开办以来，什刹海体校走出了无数运动健儿，包括乒乓球世界冠军张怡宁、马龙，体操世界冠军滕海滨、何可欣等，李连杰、吴京、甄子丹等功夫巨星儿时也都曾在此习武。

在什刹海周边，你常能偶遇一些训练中的年轻运动员。未来的体育巨星可能就在他们之中呢！

北京—巴黎汽车拉力赛

1907 年 @ 东交民巷至德胜门

这是在中国举办的第一场汽车拉力赛，也是史上第一次跨洲汽车拉力赛。比赛起点北京，经西伯利亚横穿欧亚大陆，最后抵达巴黎。1907 年 6 月 10 日，五辆参赛车从东交民巷的法国兵营出发。一路上众人围观，最终由德胜门驶出北京。

这辆从北京中轴线驶出的冠军赛车在 62 天后抵达巴黎，如今收藏在都灵的国家汽车博物馆中。→

捶丸

元、明、清 @ 宫城内

捶丸的规则与现代高尔夫运动有很多共通之处。这项运动经过了宋、辽、金、元以至明代的发展繁荣后，在清代逐渐趋向衰落。

国安永远争第一
国安向前进 球迷献真心 国安血洒绿茵场 球迷豪情高万丈
富士胶卷
OLYMPUS

元、明 @ 西华门内

在元代，打马球是宫廷每年都要举行的大型运动，一般在端午和重阳举行。这一风尚延至明代初年，宫廷中依然盛行在端午节打马球。

跑马射箭

明、清 @ 天桥

明清时期，北京天桥一带空间开阔、风光优美，因此引来不少达官贵人来此练习骑射，尤以端午节时最多。

跑步过年！

20 世纪中期 @ 天安门广场

现代人可能很难想象，半个世纪前北京人过春节的一项重要活动是长跑。“春节环城跑”始于1956 年，并一直持续到 1989 年。之后这项赛事被改为北京国际长跑节，进而变成了我们熟知的北京马拉松。尽管比赛的时间变了，但比赛的起点没有变——一直是在天安门广场。

民间体育的传奇

1999 年至今 @ 天坛健身园

你很可能在网上见过“天坛大爷”们令人瞠目结舌的运动视频。这处诞生于 1999 年的公共健身空间以众多身怀绝技的中老年体育爱好者闻名，其中的佼佼者甚至获得了“活猴”“铁人”等绰号，好似一个体育江湖。这里甚至有自己的“天坛纪录”，等待着人们去打破。

绿色狂飙

1994—1995 年 @ 先农坛

1994“甲 A 元年”，北京国安选择了先农坛体育场作为球队主场。1995 年最后一轮，国安主场对阵广东宏远。比赛结束后，球迷们纷纷点亮手中的打火机，庆祝球队获得赛季亚军，成为先农坛留给北京球迷的浪漫回忆。

表演

中轴线是个大舞台。这里的“舞台”并不是比喻，因为从古至今确实有数不清的各类演出发生在中轴线上，而你将在此看到他们的同台演出。

天魔歌舞

元代 @ 厚载门

元大都的后门——厚载门上建有高阁，它的前边有舞台，舞台和高阁之间则有飞桥环绕。每当皇帝来到阁上，便会演出“天魔歌舞”，在乐曲的引导下，舞者经飞桥登到阁上。

音乐现场

21 世纪初 @ 鼓楼周边

千禧年伊始，在鼓楼附近的街道和胡同里，散布着愚公移山、疆进酒、MAO 等北京最早的也是影响力最大的一批 live house（现场演出）。它们见证了北京乐队文化发扬光大。

上元之夜灯光秀

2019 年 @ 故宫

连续两晚，故宫在午门、太和门、太和殿等区域上演灯光秀，这是故宫博物院 94 年来首次在晚间免费开放，人们对此预期颇高，一票难求。

今夜无人入睡

2001 年 @ 故宫午门

作为北京申奥活动的一部分，在 2001 年的“奥林匹克日”，“三大男高音”——卡雷拉斯、多明戈和帕瓦罗蒂在故宫午门前广场献唱。这并不是第一次有国际音乐巨星在中轴线上演出，1997 年，雅尼也曾在太庙举办音乐会。

宫中的戏楼

清 @ 紫禁城畅音阁

在清代，戏曲是皇家最主要的娱乐活动之一，因此在紫禁城里有大大小小十余座戏台、戏楼，其中最大的一座就是畅音阁，它承接了乾隆皇帝八旬万寿庆典等诸多重大活动。2017 年，美国总

1790 年 @ 前门

乾隆皇帝为庆祝自己的八十大寿，亲调来自扬州的徽班“三庆班”进京献唱，随后大批徽班接踵而来。他们进京后都在前门外八大胡同落脚。之后，徽戏与其他戏曲艺术不断交融，京剧由此产生。

1905 年 @ 大栅栏

大栅栏的大观楼创造了中国电影史上很多第一：1905 年，任庆泰拍摄的中国第一部电影《定军山》在大观楼影戏园放映；20 年代，大观楼成为中国第一家男女同座的影院；60 年代初，中国第一部彩色立体宽银幕电影在大观楼影院首演。

豪华阵容

民国 @ 开明戏院

开明戏院在 1924 年建成，是当时最先进的剧场。著名京剧表演艺术家杨小楼、梅兰芳、余叔岩、孟小冬和号称“评剧皇后”的白玉霜等人经常在这里演出。甚至袁世凯的二儿子——重度票友袁克文曾与另一位京城公子在此义演，引得观众如潮。

天桥八怪

清末至民初 @ 天桥

在清初北京实行满汉分居后，天桥地区就逐渐成为了一个民间娱乐中心，活跃着各种行当的民间艺人，“天桥八怪”是其中的代表。前后一共有三代天桥八怪出现。

说学逗唱

民国至今 @ 天桥

天桥相声艺人辈出。相声大师侯宝林 12 岁就到天桥随天桥老艺人“云里飞”学习简易京剧。

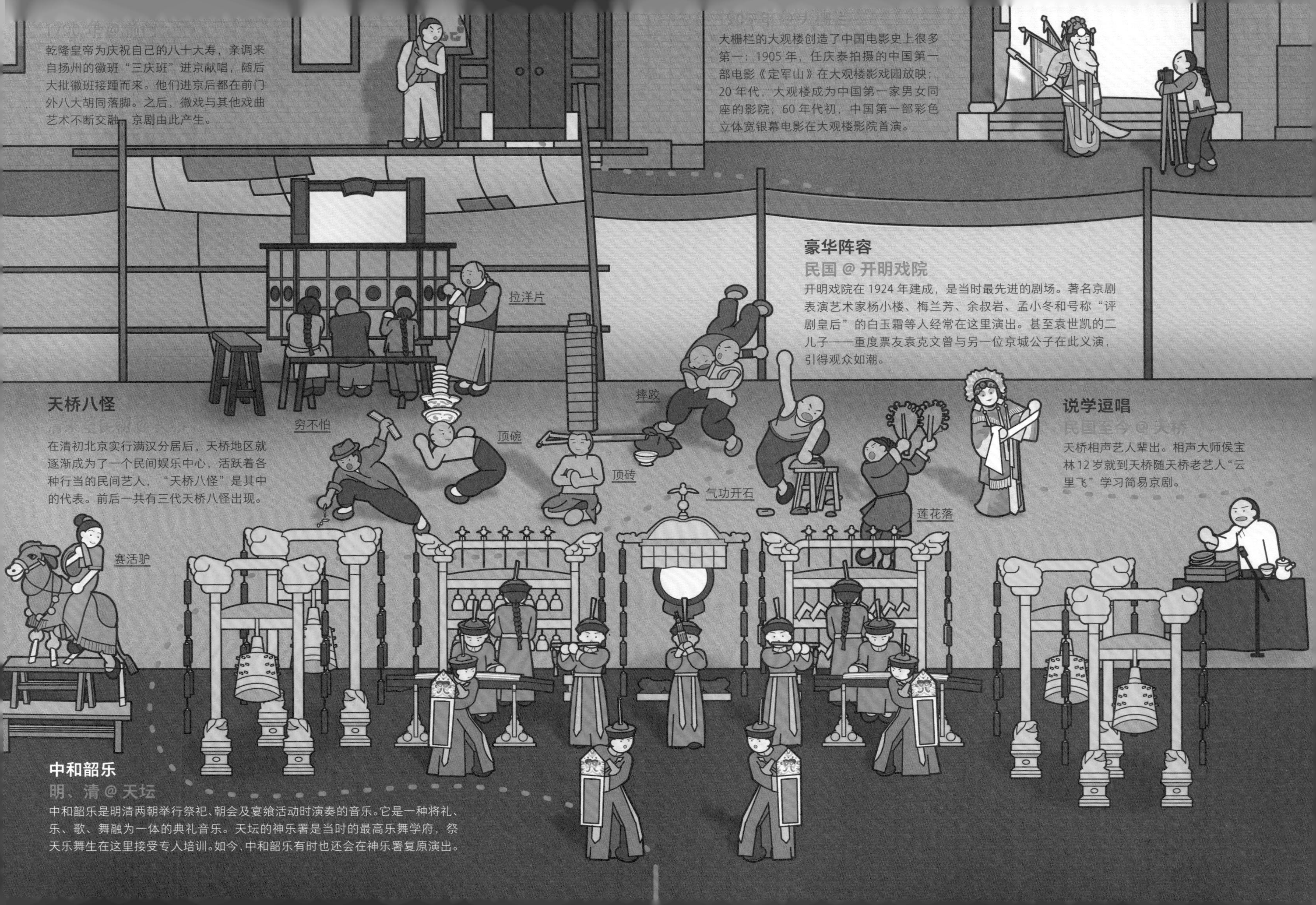

中和韶乐

明、清 @ 天坛

中和韶乐是明清两朝举行祭祀、朝会及宴飨活动时演奏的音乐。它是一种将礼、乐、歌、舞融为一体的典礼音乐。天坛的神乐署是当时的最高乐舞学府，祭天乐舞生在这里接受专人培训。如今，中和韶乐有时也还会在神乐署复原演出。

祭祀

"国之大事，在祀与戎"。明清北京曾有"九坛八庙"，其中的七坛、四庙都分布在中轴线左右。古代的祭祀活动繁琐、复杂，这两页将为你简要展示发生在中轴线上的部分重要祭祀活动。

烧饭礼

元代 @ 海子桥南

蒙古族的原始信仰是基于"万物有灵"理念的萨满教，"天神崇拜"是它的核心，能够体现这一信仰的独特祭祀叫作"烧饭"，在人死时使用。烧饭礼烧的不是现在我们吃的"饭"，而是祭祀所用的酒肉，大祭时甚至会烧马。据记载，元大都最初规划时，用于举行烧饭礼的烧饭园位于海子桥（今万宁桥）的南边。

祭祖

清代 @ 寿皇殿

寿皇殿原本是皇室专门藏画的地方，康熙皇帝曾将自己的"神御"放在里面。由于有康熙皇帝的画像，后代帝王便将其郑重供奉起来，发展到后来，寿皇殿就成为清朝历代皇帝绘像的供奉处。

祭社稷

明、清 @ 社稷坛

社稷坛的"社"和"稷"分别指土地神和谷神，因而社稷坛便有了"国土"的象征。明清两代规定，祭祀社稷与祭祀天地、太庙祖先一样是级别最高的"大祀"，高于祭祀日月和先农等。祭祀社稷的时间为每年二月和八月上旬的戊日，由皇帝亲自祭祀。

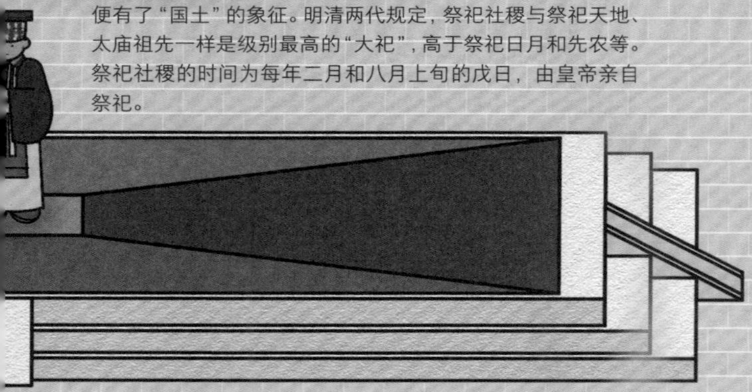

祭天的步骤

明、清 @ 天坛等地

根据古代记载，祭天的习俗从黄帝时就已经有了。清代祭天有三大典礼，分别在冬至、孟春和孟夏。祭天流程非常细化，包含了择吉日、题请、演礼、斋戒、上香、视牲、行礼、庆成等仪程，以下将展示清代冬至圜丘祭天仪式中的几个重要步骤（❶～❻）：

2 请神主 @ 太庙

祭祀前三天，皇帝着祭服，准备好菜肴、酒、水果到太庙请神主。

祭祖

明、清 @ 太庙

太庙是皇帝祭祀祖先的地方。清代太庙祭祀主要有时享、告祭、祫祭等。时享在每个季节的第一个月有一次，告祭则是在登基、大婚、凯旋等大事发生时的祭祀，祫祭则是每年除夕前一日，把后殿和中殿的神牌拿到前殿一同祭祀的活动。

❸斋戒 @ 紫禁城

皇帝从祭祀前三天开始斋戒，其间不能吃肉喝酒。明代斋戒在天坛，清雍正年间开始在紫禁城内斋戒。斋戒时，斋宫和乾清门都设铜人以警示。

❹出发 @ 紫禁城—天桥—天坛

祭祀前一天，浩浩荡荡的仪仗队伍出发了，这个队伍称为大驾卤簿，前后有一万多人，手里拿着不同的旗帜。到天坛以后，皇帝也不能闲着，要先到皇穹宇上香，再到神库看祭祀用的器具，最后到神厨查看牲口。

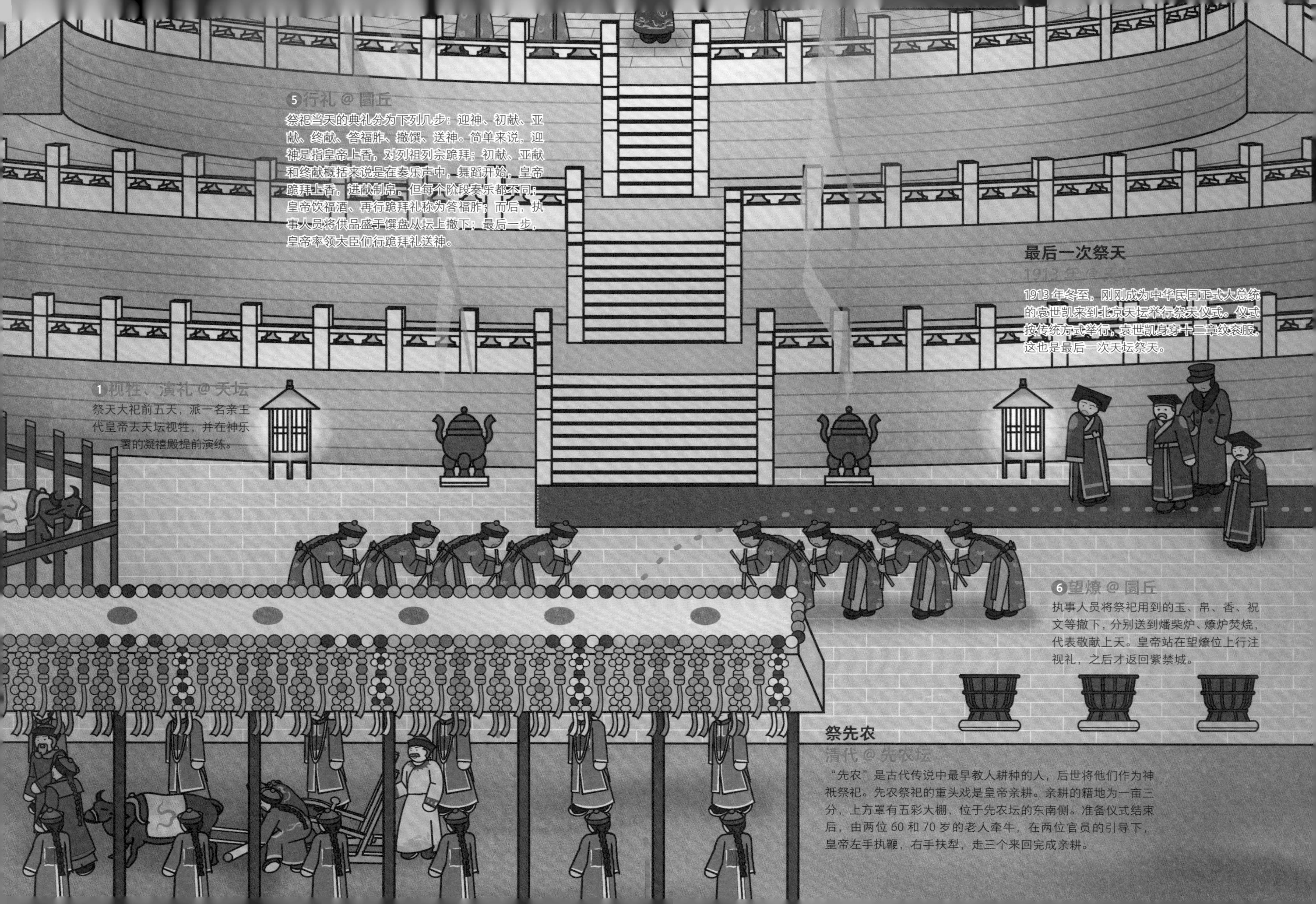
5 行礼 @ 圜丘
祭祀当天的典礼分为下列几步：迎神、初献、亚献、终献、答福胙、撤馔、送神。简单来说，迎神是指皇帝上香，对列祖列宗跪拜；初献、亚献和终献概括来说是在奏乐声中，舞蹈开始，皇帝跪拜上香，进献制帛，但每个阶段奏乐都不同；皇帝饮福酒、再行跪拜礼称为答福胙；而后，执事人员将供品盛于馔盘从坛上撤下；最后一步，皇帝率领大臣们行跪拜礼送神。
最后一次祭天
1913 年 @
1913 年冬至，刚刚成为中华民国正式大总统的袁世凯来到北京天坛举行祭天仪式。仪式按传统方式举行，袁世凯身穿十二章纹衮服，这也是最后一次天坛祭天。
1 视牲、演礼 @ 天坛
祭天大祀前五天，派一名亲王代皇帝去天坛视牲，并在神乐署的凝禧殿提前演练。
6 望燎 @ 圜丘
执事人员将祭祀用到的玉、帛、香、祝文等撤下，分别送到燔柴炉、燎炉焚烧，代表敬献上天。皇帝站在望燎位上行注视礼，之后才返回紫禁城。
祭先农
清代 @ 先农坛
“先农”是古代传说中最早教人耕种的人，后世将他们作为神祇祭祀。先农祭祀的重头戏是皇帝亲耕。亲耕的籍地为一亩三分，上方罩有五彩大棚，位于先农坛的东南侧。准备仪式结束后，由两位 60 和 70 岁的老人牵牛，在两位官员的引导下，皇帝左手执鞭，右手扶犁，走三个来回完成亲耕。

破坏

如今绝大部分人已经对保护中轴线达成了共识，但在历史上，有各种原因会导致中轴线的破坏。这两页展示的就是这样的一个大型破坏现场。

雷击

1539 年 @ 鼓楼

明嘉靖十八年，鼓楼遭雷击破坏。重修后的鼓楼保留至今，已经伫立了近 500 年。

抢掠佛像

1900 年 @ 景山

景山上的五座亭子里原本各有一尊佛像。庚子年，八国联军劫走了除万春亭以外四座亭子中的佛像。万春亭的毗卢遮那佛则因为太大，并没有被劫走，但也破坏严重（这座佛像在“文革”期间被彻底毁坏，1998 年重铸）。

拆卖城墙

20 世纪 20 年代 @ 地安门

20 世纪初，北京的皇城墙上先是打开了豁口，之后被一段段拆除。拆除下来的很多城砖被用在了其他工程里，所以这里面也有了买卖的成分。1925 年，当时的市政公所开始明码标价倒卖皇城砖。从地安门到皇城东北角的 892 米长的皇城墙砖，卖出了 21967 块银元。

八国联军侵扰

1900 年 @ 紫禁城

1900 年 8 月 28 日，八国联军部队会集在大清门内，从天安门列队进入紫禁城，从神武门出。阅兵结束后，八国联军又返回故宫内肆意抢掠。

石狮子划痕

年代不详 @ 天安门

如今天安门东侧的石狮子胸前有两道划痕，有人说它们是李自成进京时，用枪截击躲在石狮子后的守城将领李国祯时留

京师大地震

1679 年 @ 前门

康熙十八年，北京遭遇了有史以来最大的地震，震级推测可达 8 级，宫殿、衙署、民房等“十倒七八”，人员伤亡惨重。

20 世纪 40 年代 @ 中山公园

1942 年至 1945 年，侵华日军在北京发动了三次“铜类献纳运动”，名为志愿，实为强迫。几年间，在故宫等地搜刮的金属、铜器等就达到了 220 余吨。北平市政府更是献纳出了来自中山公园的铜人、来自天坛斋宫永乐年间所铸的铜钟等珍贵文物。

变卖土木

20 世纪 20 年代 @ 先农坛

被买卖的不仅是城墙，因为财政吃紧，先农坛外坛的土地和树木也被北平市政府变卖。从此之后，几乎北半个先农坛逐渐被开发，很多参天古树因此被砍伐，引来很多市民纷纷拦阻。

水灾

明、清 @ 各衙门

古代北京排水设施有限，因暴雨或洪涝导致城市被淹时有发生。比如根据记载，1890 年因为永定河决堤，受灾面积很大，大清门两侧（今人民大会堂、国家博物馆一带）的政府衙门全部被淹，部分墙体坍塌，官员无法继续办公。

军队驻扎

20 世纪上半叶 @ 天坛

中轴线沿线的文物古迹在战乱年代曾多次有军队驻扎。包括八国联军入侵时曾驻扎在先农坛和天坛，“北京政变”后冯玉祥军队占领景山和前门火车站，以及解放战争期间国民党军在天坛驻扎、修建工事和临时机场等。这些行为显然都对古迹造成了不同程度的破坏。

风沙堆积

明 @ 天坛

明代在天坛附近的挖土活动较多，沙土被风吹起，逐渐形成堆积。据记载，在正统初年天坛外的风沙几乎与坛墙一样高了。

着 火

中国古代建筑多为木构，所以火灾就成了大问题。中轴线上的建筑地位特殊、规模巨大，一旦失火就更加麻烦。你看，在这两页所描绘的火海里，就有人因为救火而受赏，也有人因为失火而掉了脑袋。

因多次失火而改建的钟楼

明、清 @ 钟楼

也许是因为钟楼、鼓楼的高大，使它们容易遭遇雷电袭击，历史上这两栋建筑多次被焚毁。这也促使钟楼在最后一次重修时更换了结构和材料（见第 68 页）。

屡次失火的太和殿

明、清 @ 故宫

太和殿是紫禁城里最重要的建筑，但它在历史上的防火似乎可以做得更好。太和殿分别在 1421 年、1557 年、1597 年和 1679 年四次失火。值得一提的是它的第一次失火，距离它的竣工仅有半年之久。而再次重建就是 1441 年了，也就是说，因为这次火灾，紫禁城里有近 20 年的时间没有太和殿。

被焚毁的承天门

1456 年 @ 承天门

承天门是天安门的旧称。承天门的火灾在记载中只有一次，而且正是因为这次火灾，承天门才被改建为今天天安门的样子（火灾前的承天门比现在小，而且是牌坊式，而非宫殿式）。清代顺治年间，承天门改名“天

险被点燃的地安门

1782 年 @ 地安门外

乾隆四十七年四月十四日，地安门外有房屋失火，离地安门已经很近了，幸好有附近的士兵奋勇救火，使火灾没有殃及城门。事后，参与救火的每个人都被奖励了二两银子。

被油灯点燃的贞度门

1888 年 @ 故宫

在光绪十四年十二月十五日深夜，看守贞度门的护军富山、双奎把油灯挂在柱子上睡着了。不料油灯烧着柱子，之后火势蔓延，一路烧到了太和门和整个太和殿南庑。太和门的烧毁影响到了次年光绪大婚（见第 68 页）。之后两位护军因此被执行了绞刑。

多次失火的正阳门

1780—1900 年 @ 前门

正阳门有记载的失火，城楼和箭楼加在一起有 5 次，明代 2 次、清代 3 次。每次失火后修复耗费的时间短则几月，长则数年。其中最后一次，也就是 1900 年受大栅栏火灾波及的损毁最为严重，木结构几乎全部被毁。

屡屡着火的五牌楼

明、清 @ 前门

前门五牌楼曾多次遭遇火灾，有记载的就包括明万历、清乾隆、道光、同治、光绪年间的这几次。

庚子事变引发的大火

1900 年 @ 前门、大栅栏一带

1900 年春夏，义和团运动愈演愈烈。前门大栅栏一带原有很多贩卖西洋货的商铺，尽管已经部分关门或自行整改，但仍是义和团的眼中钉。6 月 16 日，义和团大栅栏坛的大师兄率领团民，包围并点燃了大栅栏路北的“老德记洋药房”，并阻止民众扑救。很快火势就向四周蔓延，最终，大栅栏及周边若干条胡同的四千余家店铺毁于大火。

遭雷击而失火的祈年殿

1889 年 @ 天坛

祈年殿这次大火，也是雷电所致。尽管当时大雨滂沱，但因为琉璃瓦的阻隔，雨水无法浇灭下面燃烧的梁柱。根据记载，祈年殿燃烧时周围数十里内亮如白昼，还可以闻见来自燃烧的金丝楠木的扑鼻的香气。之后祈年殿很快被重建，但比例与之前有所不同。

化为灰烬的地安门构件

1955 年 @ 天坛

地安门在 1954 年被拆除时，因为反对声音众多，政府许诺将拆下来的建筑构件一一编号，运至天坛，之后再在天坛重建。不料，这些构件在天坛还没储存多久就遭遇火灾，彻底化为灰烬，地安门就这样遗憾地消失了。

保护

文物保护，就是把过去的东西，由当下的人，传给未来。这两页画出了过去一百年里，一代代人是如何保护中轴线的。它被这样传到我们手里，我们又该怎样把它传给后人呢？

修复万宁桥

2000 年 @ 万宁桥

现在如果你去地安门外的万宁桥，会发现它两侧的栏杆有三种材质和颜色，它们忠实地反映了万宁桥历史上的三个阶段：中央略微发黄的汉白玉栏杆明显已被风化，那是古代的原件；往外几根灰色的，是 50 年代改造万宁桥时替换的青砾石构件；最外侧看似崭新白净的是 2000 年万宁桥大修时补的——这次大修还拆除了桥两侧的广告牌和建筑，并恢复了河道。

少年宫搬出景山

2013 年 @ 景山公园

2013 年 12 月 27 日，在寿皇殿砖城门上悬挂半个世纪之久的“北京市少年宫”匾额被摘下。经过 4 年的修缮，寿皇殿建筑群在 2019 年向公众开放。

太和殿修缮

明代、清代、现代 @ 太和殿

历史上，太和殿经过多次重建，常态化的维修就更多了。中华人民共和国成立后，分别在 50 年代初、1978 年和 2002 年对故宫进行了三次大修，其中 2002 年的修缮人称“百年大修”。在 2007 年 9 月 11 日的太和殿正脊的合龙仪式上，工人将记载此次修缮经过的《太和殿修缮工程纪事》装入有 300 年历史的宝匣，封存在正脊下方中空的琉璃瓦下。

在 2006—2007 年太和殿修缮期间参观故宫的游客，看到的太和殿是一幅围在脚手架外的巨大幕布。

故宫文物南迁

20 世纪 30 年代 @ 故宫

1931 年“九一八”事变后，故宫博物院便开始准备文物南迁，1933 年 2 月至 5 月，共有 13427 箱文物从故宫运出。战争期间，它们又辗转多地，成为文物保护和传播历史上的一次奇迹。

解放军军事保护

1967 年 @ 故宫

“文革”期间，周恩来总理命令北京卫戍区派出部队对故宫进行军事保护，使故宫的建筑和文物免遭破坏。

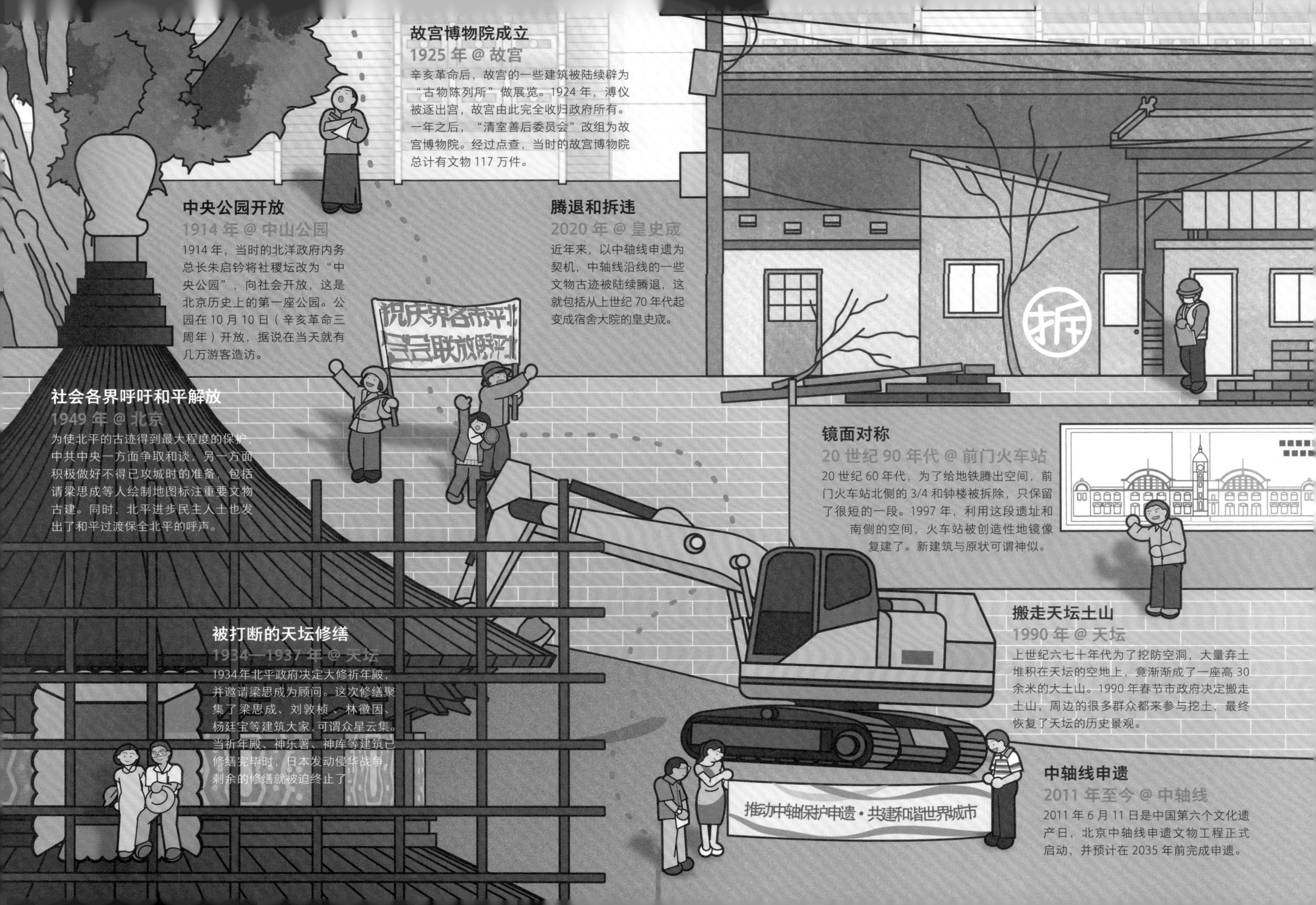

故宫博物院成立

1925 年 @ 故宫

辛亥革命后，故宫的一些建筑被陆续辟为“古物陈列所”做展览。1924 年，溥仪被逐出宫，故宫由此完全收归政府所有。一年之后，“清室善后委员会”改组为故宫博物院。经过点查，当时的故宫博物院总计有文物 117 万件。

中央公园开放

1914 年 @ 中山公园

1914 年，当时的北洋政府内务总长朱启钤将社稷坛改为“中央公园”，向社会开放，这是北京历史上的第一座公园。公园在 10 月 10 日（辛亥革命三周年）开放，据说在当天就有几万游客造访。

腾退和拆违

2020 年 @ 皇史宬

近年来，以中轴线申遗为契机，中轴线沿线的一些文物古迹被陆续腾退，这就包括从上世纪 70 年代起变成宿舍大院的皇史宬。

社会各界呼吁和平解放

1949 年 @ 北京

为使北平的古迹得到最大程度的保护，中共中央一方面争取和谈，另一方面积极做好不得已攻城时的准备，包括请梁思成等人绘制地图标注重要文物古建。同时，北平进步民主人士也发出了和平过渡保全北平的呼声。

镜面对称

20 世纪 90 年代 @ 前门火车站

20 世纪 60 年代，为了给地铁腾出空间，前门火车站北侧的 3/4 和钟楼被拆除，只保留了很短的一段。1997 年，利用这段遗址和南侧的空间，火车站被创造性地镜像复建了。新建筑与原状可谓神似。

被打断的天坛修缮

1934—1937 年 @ 天坛

1934年北平政府决定大修祈年殿，并邀请梁思成为顾问。这次修缮聚集了梁思成、刘敦桢、林徽因、杨廷宝等建筑大家，可谓众星云集。当祈年殿、神乐署、神库等建筑已修缮完毕时，日本发动侵华战争，剩余的修缮就被迫终止了。

搬走天坛土山

1990 年 @ 天坛

上世纪六七十年代为了挖防空洞，大量弃土堆积在天坛的空地上，竟渐渐成了一座高 30 余米的大土山。1990 年春节市政府决定搬走土山，周边的很多群众都来参与挖土，最终恢复了天坛的历史景观。

中轴线申遗

2011 年至今 @ 中轴线

2011 年 6 月 11 日是中国第六个文化遗产日，北京中轴线申遗文物工程正式启动，并预计在 2035 年前完成申遗。

种植

北京中轴线的诞生就与树木有关，这似乎注定了它将成为一条郁郁葱葱、生机勃勃的中轴线，这里的一棵树、一朵花或许就有自己特别的故事。

皇帝亲耕

元代 @ 御苑

说起皇帝亲耕，我们首先想起的一定是先农坛。不过，元代御苑（如今景山一地安门一带）是更早的一处亲耕场所。2006 年，在景山东花房挖掘出了两个元代官砝，被认为就是元代皇帝亲耕的遗物。

辽柏

辽代 @ 兴国寺

如今中山公园内的柏树多为明代所种，不过在社稷坛南坛门外，有一棵粗壮的古柏，是辽代兴国寺的遗物。人称“辽柏”，它历经千年，是北京有记载的最古老的柏树。

罪槐

1644 年 @ 万岁山

崇祯十七年三月十八日，李自成攻克北京。次日凌晨，崇祯帝在太监的陪同下，来到万岁山（今景山）用腰带在一棵槐树上自缢。因为这棵树承载了太多含义，之后也历经风波。先是清军入关后被拴上铁链，称“罪槐”；后来又在“文革”期间被铲除。如今思宗殉国处的槐树是 1996 年移栽的。

成祖植树

1420 年 @ 太庙

相传永乐迁都完成了太庙的土建工程后，开始考虑植树问题，但起初种下的树都难以成活，官员惴惴不安。后来一位鲁姓树木专家改良了太庙土质，并请朱棣亲自种下第一棵树，从此树木长势

牡丹芍药

金代至今 @ 景山

每年春夏季节，从东门进入景山公园，你一定会惊叹于眼前姹紫嫣红的朵朵牡丹。其实，在景山这个地方栽培牡丹的历史格外悠久，甚至可以追溯到金中都的行宫——万宁宫。在元代，根据文献记载，这里已经有成规模的牡丹种植了。

连理柏

清代 @ 御花园

天一门前的连理柏由两株古柏缠绕而成，它们形成的“拱门”正巧跨在北京的中轴线上。据说，溥仪和婉容新婚后曾在树前合影，作为爱情的象征。

唐花坞
1915 年 @ 中央公园
唐花坞是中央公园（今中山公园）修建的新型温室。名字中的“唐”通“煻”，暗示了它温室的功能。借助花期控制技术，唐花坞中的牡丹、梅花、迎春可以在腊月同时开放，成为当时京城一景。
中山公园的郁金香
1996 年至今 @ 中山公园
1977 年荷兰女王访华，赠送了 39 个郁金香品种的 4000 多个种球，它们后来被送到中山公园栽培。从 1996 年开始，中山公园每年举办郁金香展，持续至今。
独树将军
元代 @ 丽正门外
传说元大都兴建之初，负责都城规划的刘秉忠凭借丽正门外第三座桥南侧一棵榆树的位置，确定了宫殿的方位。这棵树也被封为“独树将军”，但关于它的具体位置后人莫衷一是。
小平树
20 世纪 80 年代 @ 天坛
在邓小平提议下，每年 3 月 12 日被定为我国的植树节。后来，他也连续三年到天坛公园植树。
天坛林艺试验场
1912 年 @ 天坛
位于天坛神乐署的林艺试验场是中国最早的独立的林业试验研究机构。苗圃从 1912 年开办到 1937 年停办，前后栽种树木 300 余万棵，民国时期北京的行道树和观赏树木，如刺槐、柏树等，大多来源于此。
操场上的古树
清代 @ 育才学校
位于先农坛内的育才学校有一处奇观：它的操场中央是一棵古树，编号“古树 B01720”。每逢毕业季，这棵树都会成为“许愿树”；而学校官方也称之为“树先生”。显然，它已经成为了每位育才人心中特别的存在。
天坛的菊花
20 世纪 50 年代至今 @ 天坛公园
1954 年，天坛公园组建花卉班，开始了艺菊栽培。在 80 年代，菊花被确定为天坛的特色花卉，每年举办菊展也成了天坛的传统。

传 说

中轴线的历史如此悠久，使得一些历史与传说互相交融，难以分辨。这两页中画出了一些著名的传说，真假由你评说。

铸钟娘娘

明 @ 铸钟厂

相传在铸造钟楼上的大钟时，工人们耗费数月也没有成功。眼看皇帝规定的时限将至，再不成就要杀头。一位老师傅的女儿这时意识到，需要为大钟注入灵魂方可成功，于是纵身跃入铜水里。老师傅伸手去够，却只抓住了女儿一只鞋。据说在钟楼的钟声里能听到“鞋——”的声音，而女儿也被奉为“铸钟娘娘”。

天启大爆炸

1626 年 @ 地安门

天启五年，北京发生了一次奇特的大爆炸。这次爆炸不仅造成了 2 万余人伤亡，而且有很多难以解释的神秘之处。据说爆炸前几个小时，从地安门外的火神庙有一个红球腾空而出，似乎是爆炸的异兆。

景山的神秘人像

20 世纪 70 年代 @ 景山

现在打开你手机里的地图 app，找到景山公园，再切换为卫星图模式，景山公园看起来像不像一个盘坐着的人？

子午线上的石鼠石马

20 世纪 50 年代 @ 地安门、正阳门

据说上世纪 50 年代，在地安门和正阳门的工地上分别挖出了一只石鼠和一只石马，被解释为中轴线“子午线”的象征。不过，如今我们似乎在任何地方都看不到这对石鼠石马的实物或照片。它们真的存在吗？

捂裆狮

清 @ 紫禁城断虹桥

故宫武英殿旁的断虹桥上有很多只小石狮，其中有一只的姿态有些难以描述：它一爪摸头，一爪捂裆。传说道光帝的一位皇子曾出言不逊，道光帝一怒之下踹了皇子一脚，不料命中裆部，导致皇子去世。之后道光帝每见

消失的宫女

时代不详 @ 故宫

据说在一个深夜，有人走过故宫珍宝馆附近的夹墙时，看到远处有一排打着宫灯的穿着清代服饰的宫女。但当他想追上去时，却怎么也追不上，直到灯光渐渐消失。相传后来也有科学家试图用化学解释这一现象。

望君归与唤君出

时代不详 @ 天安门

天安门前的一对华表你一定不陌生，其实天安门内也有一对。华表顶部的神兽叫“犼”，天安门外的两只石犼面向南方，被称作“望君归”，意为嘱咐外出游玩的皇帝不要乐不思蜀；而门内的两只面向北方，叫作“唤君出”，意为叮嘱皇帝应多走出皇宫了解百姓的疾苦。

火烧鲜鱼口

时代不详 @ 鲜鱼口

前门外的鲜鱼口曾有一座火神庙，平时冷冷清清，火神爷就拿着香客供奉的火烧和鲜鱼上街摆摊了。他卖力地吆喝“鲜鱼——大火烧”，但接连几天都没有卖出去。这时突然一股神火从他口中冒出，将鲜鱼口烧为灰烬。

百龙保天坛

明 @ 天坛

相传明代初年，龙王被刘伯温锁在北京城北的一口大井里。但龙王也没闲着，总想着搞破坏。后来天坛修建祈年殿时，殿外总有水泡冒出，龙王从井里发声，说如果不给它官做，就让祈年殿永远建不成。皇帝答应了，龙王也带着儿孙们来到地上等待圣旨。不过，离开水之后，小龙们很快就硬化为石头，形成了祈年殿基座周围一圈的喷水兽，老龙王见状只得化清风而去。

老乞丐与祈年殿

明 @ 天坛

嘉靖年间重修祈年殿，皇帝要求建为圆形，这难坏了管工。管工正要自寻短见时，一位老乞丐向他要饭，一要就是三碗，而且提出饭太淡，需要加盐。这是啥意思呢？

传说继续

等管工找到盐时，乞丐已经离开了。三个碗被摞在一起，筷子插在饭里。管工顿悟，并领会了“加盐”其实是“添加屋檐”的暗示。后来，祈年殿就建成了如今三重檐攒尖顶的样子。

雷公与小青蛇

时代不详 @ 天坛

传说西便门外有一条青蛇，历经修炼成为了一位少女。云端的雷公看到之后动了心，执意要抓青蛇。来回打了几个回合之后，青蛇钻进了祈年殿龙凤石下，再也没有出来。据说每逢雷雨，石板下会传来“呜呜”声（不妨挑雷雨天去听听看！），就是青蛇的哭泣。

“五镇”

时代存疑 @ 永定门外

永定门外的燕墩是北京“五镇”中的南镇——这是一个常被提及的传说，但也有人提出“五镇”只是清代人在当时游览手册中的新发明而已。

参考文献

一 书籍

北京市建筑设计研究院《建筑创作》杂志社 . 北京中轴线建筑实测图典 [M]. 北京：机械工业出版社，2005.

陈平，王世仁 . 东华图志 [M]. 天津：天津古籍出版社，2005.

中国建筑科学研究院 . 宣南鸿雪图志 [M]. 北京：中国建筑工业出版社，2002.

北京市建筑设计志编纂委员会 . 北京建筑志设计资料汇编 [M]. 北京：北京出版社，1994.

张复合 . 图说北京近代建筑史 [M]. 北京：清华大学出版社，2008.

李璐珂，王南，胡介中，李菁 . 北京古建筑地图 [M]. 北京：清华大学出版社，2009.

赵广超 . 紫禁城 100[M]. 北京：故宫出版社，2015.

马欣，曹立君 . 北京的牌楼牌坊 [M]. 北京：北京美术摄影出版社，2005.

梁思成，林洙 . 梁 · 城 [M]. 北京：群言出版社，2019.

天津大学建筑工程系等 . 清代内廷宫苑 [M]. 天津：天津大学出版社，1986.

北京市地方志编纂委员会 . 北京志 · 商业卷 · 粮油商业志 [M]. 北京市：北京出版社，2004.

北京市地方志编纂委员会 . 北京志 · 商业卷 · 饮食服务志 [M]. 北京市：北京出版社，2008.

北京市文史研究馆 . 古都北京中轴线（上、下册）[M]. 北京市：北京出版社，2017.

北京市东城区政协学习和文史委员会 . 钟鼓楼 [M]. 北京市：文物出版社，2009.

刘牧 . 当代北京公共交通史话 [M]. 北京：当代中国出版社，2008.

《中华文明史话》编委会 . 天坛史话 [M]. 北京：中国大百科全书出版社，2016.

果鸿孝 . 北京史话 [M]. 北京：社会科学文献出版社，2011.

郭欣 . 当代北京前门史话 [M]. 北京：当代中国出版社，2014.

董玥 . 民国北京城 [M]. 北京：生活 · 读书 · 新知三联书店，2018.

曲小月 . 老北京商业与老字号 [M]. 北京：北京燕山出版社，2008.

柯小卫 . 当代北京餐饮史话 [M]. 北京：当代中国出版社，2009.

北京市古代建筑研究所 . 当代北京古建筑保护史话 [M]. 北京：当代中国出版社，2014.

吕吉 · 巴津尼 . 西洋镜：1907，北京－巴黎汽车拉力赛 [M]. 北京：中国画报出版社，2015.

史卫民 . 元代社会生活史 [M]. 北京：中国社会科学出版社，1996.

刘忠孝 . 京华通览：天桥 [M]. 北京：北京出版社，2018.

姚安 . 京华通览：天坛 [M]. 北京：北京出版社，2018.

武裁军 . 京华通览：北京皇家坛庙 [M]. 北京：北京出版社，2018.

尹钧科等 . 北京历史自然灾害研究 [M]. 北京：中国环境科学出版社，1997.

莫容，胡洪涛 . 北京古树名木散记 [M]. 北京：北京燕山出版社，2009.

宗绪盛 . 老北京 · 地图的记忆 [M]. 北京：中国地图出版社，2014.

张卉妍 . 老北京的传说 [M]. 北京：中国华侨出版社，2015.

马燕晖 . 老北京的传说大全集 [M]. 武汉：武汉大学出版社，2013.

董进 . Q 版大明衣冠图志 [M]. 北京：北京邮电大学出版社，2011.

侯仁之 . 北京历史地图集 [M]. 北京：文津出版社，2013.

侯仁之 . 岳升阳 . 北京宣南历史地图集 [M]. 北京：学苑出版社，2009.

张杰 . 中国古代空间文化溯源 [M]. 北京：清华大学出版社，2012.

傅熹年 . 中国古代城市规划建筑群布局及建筑设计方法研究 [M]. 北京：中国建筑工业出版社，2001.

国家文物局 . 中国文物地图集，北京分册（上）[M]. 北京：文物出版社，2008.

二 期刊论文

杨安琪 . 明清北京宫廷外朝空间形制及千步廊格局研究 [D]. 北京建筑大学，2015.

周悦煌 . 景山寿皇殿建筑研究 [D]. 天津大学，2018.

袁露萍 . 北京旧城传统牌楼研究 [D]. 北京建筑工程学院，2011.

费亚普 . 大高玄殿建筑研究 [D]. 天津大学，2018.

廖苗苗 . 北京什刹海地区传统建筑研究 [D]. 北京建筑大学，2019.

盛守刚 . 明代重檐盝顶殿堂式结构抗震性能研究 [D]. 中国地震局工程力学研究所，2017.

陈晓程 . 现存古代皇家道教宫观 [D]. 中央民族大学，2016.

张丹丹 . 北京故宫亭类建筑的大木构造特征研究 [D]. 北京建筑大学，2019.

赵雯雯 . 从图样到空间 [D]. 清华大学，2009.

张辰啸 . 古建抬梁式木结构抗震性能及数值模拟方法研究 [D]. 中国地震局工程力学研究所，2013.

王思萌，李小龙，蒋广全. 烟袋斜街广福观修缮与复建工程设计[J]. 建筑技艺，2010（07）：62-65.

朱起鹏，谢婧昕. 古庙；工厂；Shopping Mall——城市历史遗产的“宏恩观现象”[J]. 住区，2016（03）：31-37.

杨海军. 论中国古代的幌子广告[J]. 史学月刊，2002（09）：87-92.

范暄，张雅平. 钦安殿的建筑特色及其形成原因. 中国紫禁城学会. 中国紫禁城学会论文集第八辑（上）[C]. 中国紫禁城学会：中国紫禁城学会，2012.

侯仁之，吴良镛. 天安门广场礼赞——从宫廷广场到人民广场的演变和改造[J]. 文物. 1977（09）：1-15.

王世仁. “雪泥鸿爪话宣南”之坛庙兴亡[J]. 北京规划建设，1999（01）：51-54.

郑毅. 北京古都最南端的标志性建筑——燕墩[J]. 建筑，2016（02）：59.

王世仁. 北京天桥的变迁[J]. 北京规划建设，2014（03）：33-38.

李志启. 北京天坛的建筑格局[J]. 中国工程咨询，2011（03）：72-74.

刘畅. 宁寿宫花园碧螺亭：从毕达哥拉斯到中国的梅花[J]. 建筑史，2012（01）：97-107.

肖启益. 北京大观楼电影院设计反思[J]. 建筑学报，1987（08）：41-43.

薛林平. 北京清代皇家戏场建筑研究[J]. 华中建筑，2008（04）：37-44.

李静，董璁. 故宫御花园万春亭的结构和构造. 中国风景园林学会. 中国风景园林学会2011年会论文集（上册）[C]. 中国风景园林学会：中国风景园林学会，2011.

黄捷. 北京天桥艺术中心，北京，中国. 世界建筑，2018.

吴春花，李畅. 老天桥剧场的那些事儿——访中央戏剧学院李畅教授[J]. 建筑技艺，2012（04）：38-39.

吴春花，庄惟敏. 新天桥剧场——访清华大学建筑设计研究院院长，总建筑师庄惟敏[J]. 建筑技艺，2012（04）：40-43.

刘畅. 清代宫廷和苑囿中的室内戏台述略[J]. 故宫博物院院刊，2003（02）：80-87.

张淑娴. 清代皇宫室内戏台场景布局探微[J]. 中华戏曲，2016（01）：49-79.

吴希三. 中山公园音乐堂史话[J]. 纵横，2002（03）：61-64.

张必忠. 万宁桥——北京城的奠基石[J]. 紫禁城，2001（02）：4-8.

刘文鹏. 1679年的京师大地震[J]. 紫禁城，2011（05）：41-42.

戴凤春. 老北京的茶馆[J]. 海内与海外，2009（05）：67-71.

刘中平. 论清代祭典制度[J]. 辽宁大学学报（哲学社会科学版），2008，36（06）：85-89.

李瑶瑶. 北京城市居民饮食生活变迁研究（1901-1937）[D]. 河北大学，2016.

姚安. 清代北京祭坛建筑与祭祀研究[D]. 中央民族大学，2005.

亚白杨. 北京社稷坛建筑研究[D]. 天津大学，2005.

张小李. 略论清代太庙祭器、祭品陈设规制[J]. 故宫博物院院刊，2017（03）：65-75.

王子林. 奉先殿原状与祭祀考[J]. 故宫学刊，2018（01）：295-311.

陈伟. 元代宫廷的”烧饭”礼俗[J]. 文史知识，2009（03）：108-112.

杨晶. 新中国成立五十年来古代建筑火灾案例[J]. 消防与生活，2007（11）：30-32.

李宝明. 景山史话[J]. 文史知识，2008（09）：125-129.

鹿璐. 以“奉献”的名义掠夺[J]. 中国档案，2015（09）：80-81.

高寿仙. 明代北京的沙尘天气及其成因[J]. 北京教育学院学报（社会科学版），2003（03）：38-43.

马树华. 中华民国政府的文物保护[D]. 山东师范大学，2000.

王其亨. 历史的启示——中国文物古迹保护的历史与理论[J]. 中国文物科学研究，2008（01）：91-96.

张富强. 景山公园中的元代皇帝亲耕田[J]. 北京档案，2014（02）：46-47.

夔中羽. 北京中轴线偏离子午线的分析[J]. 地球信息科学，2005（01）：25-27.

邓奕. 元代“两都制”规划思想浅析——兼与《北京中轴线偏离子午线的分析》作者商榷[J]. 北京规划建设，2005（03）：84-87.

李仕. 北京中轴线：为何偏离子午线[J]. 城市住宅，2010（05）：76-77.

侯仁之. 试论元大都城的规划设计[J]. 城市规划，1997（03）：10-13.

姜东成. 元大都城市形态与建筑群基址规模研究[D]. 清华大学，2007.

姜舜源. 故宫断虹桥为元代周桥考——元大都中轴线新证[J]. 故宫博物院院刊，1990（04）：31-37.

敖仕恒，张杰. 结合山水地形的元大都城市十字定位与中心区布

局研究 [J]. 中国建筑史论汇刊，2018（01）：199-237.

王子林 . 元大内与紫禁城中轴的东移 [J]. 紫禁城，2017（05）：138-160.

武廷海，王学荣，叶亚乐 . 元大都城市中轴线研究——兼论中心台与独树将军的位置 [J]. 城市规划，2018，42（10）：63-76+85.

阙维民 ."北京中轴线"项目申遗有悖于世界遗产精神 [J]. 中国历史地理论丛，2018，33（04）：5-25.

王南 . 规矩方圆 天地中轴——明清北京中轴线规划及标志性建筑设计构图比例探析 [J]. 北京规划建设，2019（01）：138-153.

王南 . 象天法地，规矩方圆——中国古代都城、宫殿规划布局之构图比例探析 [J]. 建筑史，2017（02）：77-125.

张涛，吴玉清，王菊琳 . 北京宫殿、坛庙古建筑"宫墙红"的组成及色差 [J]. 表面技术，2017，46（02）：18-26.

赵兰，苗建民，王时伟，段鸿莺 . 清代官式建筑琉璃瓦件颜色与光泽量化表征研究 [J]. 故宫学刊，2014（02）：230-239.

宋松林 . 传统青砖的装饰艺术研究 [J]. 艺术品鉴，2016（03）：396.

元大都的勘查和发掘 [J]. 考古，1972（01）：19-28+72-74.

马希桂 . 北京先农坛辽墓 [J]. 文物，1977（11）：88-91.

文爱平 . 宣祥鎏：翩翩儒将 剑胆琴心 [J]. 北京规划建设，2004（03）：190-194.

李铭陶 . 新的理念 新的期待 [J]. 建筑创作，2001（S1）：27-32.

北京中轴线城市设计综合方案 [J]. 北京规划建设，2006（05）：130-133.

三 网络资源

北京印迹 . http://www.inbeijing.cn

北京城航拍档案 . https://bei.jing.icu

1988 年北京鸟瞰 . https://www.bilibili.com/video/BV1GE411b7yu

故宫博物院 . https://www.dpm.org.cn/Home.html

CCTV. 节目官网：《国宝档案》. http://tv.cctv.com/lm/gbda

北京炉房之始末以及钱铺、银号变迁 .

https://new.qq.com/omn/20180223/20180223G00VH9.html

老黄说史 . https://mp.sohu.com/profile?xpt=enpoYnlAcXEuY29t

东城区图书馆图片资料库 . http://www.bjdclib.com/dclibpic/dhly/building/index_1.htm

马希桂 . 北京市发现的几座唐墓 [J]. 考古，1980（06）：498-505+585.

赵光林，张宁 . 金代瓷器的初步探索 [J]. 考古，1979（05）：461-471+489-491.

赵其昌 . 唐幽州村乡再探 [J]. 首都博物馆丛刊，1994（00）：1-5.

鲁晓帆 . 北京出土唐代崔载墓志考释 [J]. 中国国家博物馆馆刊，2013（08）：68-77.

张宁 . 北京又发现燕饕餮纹半瓦当 [J]. 考古，1980（02）：191.

高桂云，张先得 . 北京市出土战国燕币简述 [A]. 中国钱币学会 . 中国钱币论文集 [C].：中国钱币学会，1985：14.

京城发现大运河一处重要遗址 [J]. 中国地名，1999（01）：3-5.

张宁 . 记元大都出土文物 [J]. 考古，1972（06）：25-31+58+74-75+77-80.

北京西绦胡同和后桃园的元代居住遗址 [J]. 考古，1973（05）：279-285+333-336.

钱国祥 . 中国古代汉唐都城形制的演进——由曹魏太极殿谈唐长安城形制的渊源 [J]. 中原文物，2016（04）：34-46.

北京中轴线上的奥林匹克公园 [J]. 建筑创作，2002（08）：6-9.

沈亚迪，朱训礼 . 首都北郊体育会场与中轴线的关系 [J]. 建筑学报，1985（01）：43-47+83-84.

《旧京戏楼》纪录片 . https://www.bilibili.com/vide
BV1rT4y1u7Ui?p=4

老北京网 . http://www.obj.cc/

我的北京记忆 . http://www.mypekingmemory.cn/

舞蹈史论讲解：元代的歌舞 . https://wudao.la/8027.html

别了，景山少年宫 . http://roll.sohu.com/20131114/n39010140
shtml

北京中赫国安足球俱乐部官方网站 . http://www.fcguoan.com/pag
php?id=25

Peking to Paris. https://en.wikipedia.org/wiki/Peking_to_Paris

揭秘百年前的汽车拉力赛 看看北京最早举办的一届国际赛事
https://www.takefoto.cn/viewnews-1095591.html

天坛东门的健身大爷火了！高难度动作惊呆美国记者 . https
sports.qq.com/a/20171226/004707.htm

景山官学 . http://www.bjdclib.com/subdb/exam/kjtk/20090
t20090820_23658.html

北京自然博物馆官方网站 . http://www.bmnh.org.cn/bwgjj/lsb
index.shtml

这条 7000 米的长街，藏了半个北京的秘密 . https://new.qq.co
omn/20191013/20191013A05E8R00.html

谁主谋了拆皇城墙？ https://baijiahao.baidu.com/s?id=1619538910894387950&wfr=spider&for=pc

和故宫同龄，曾为“社稷坛”，北京第一座公园是怎样诞生的 . https://baijiahao.baidu.com/s?id=1639489408680571296&wfr=spider&for=pc

北京中轴线北段的建筑节点与文化遗存 . http://epaper.gmw.cn/gmrb/html/2019-02/01/nw.D110000gmrb_20190201_1-13.htm

1933 年故宫文物南迁那些事儿 . https://www.thepaper.cn/newsDetail_forward_7084006

1935 年北京天坛大修：梁思成夫妇留影祈年殿（图）. http://www.chinanews.com/cul/2014/03-04/5905306.shtml

人力车夫大打出手，也挡不住铛铛车开进北京城 . https://www.wxwenku.com/d/100993450

盘点景山公园的元代遗存 . http://blog.sina.com.cn/s/blog_4bd3c5200101g00m.html

炒肝店火了 食客流传“副总统套餐” . http://www.bjnews.com.cn/news/2011/08/20/145496.html

北京永定门粮库被爆破 将建亚洲最大商品交易中心 . http://news.sina.com.cn/c/2002-09-10/1711717188.html

上元之夜”元宵灯会点亮紫禁城 . http://www.chinanews.com/2019/02-20/8759078.shtml

林匹克日“三高”午门放歌 北京申奥再掀高潮 . https://sports.hu.com/48/21/sports_news163292148.shtml

国自行车变迁史 . http://m.news.cctv.com/2018/06/03/TIaDleMP2bjAdQQIfbYpHx180603.shtml

文之光 . http://www.bjskpj.cn/

山公园 . http://www.bjjspark.com/

山公园 . http://www.zhongshan-park.cn/

京劳动人民文化宫 . http://www.bjwhg.com.cn/

坛公园 . http://www.tiantanpark.com/

正帝祭先农坛图 . https://www.shuge.org/ebook/yong-zheng-di-xian-nong-tan-tu/

宣宗行乐图卷 . https://www.shuge.org/ebook/ming-xuan-zong-ng-le-tu-juan/

画冰嬉图 . https://www.shuge.org/ebook/bing-xi-tu/

寿盛典初集 . https://www.shuge.org/ebook/wan-shou-sheng-n-chu-ji/

成兰 . 紫禁城内斋宫的建置和使用 . https://www.dpm.org.cn/building/talk/224187.html

《故宫 100》纪录片 . http://jishi.cctv.com/special/gugong100/

北京印迹网 . http://www.inbeijing.cn/histrv/index.jsp

高德地图 . https://www.amap.com

首都功能核心区控制性详细规划 .

http://ghzrzyw.beijing.gov.cn/zhengwuxinxi/ghcg/xxgh/sj/202008/t20200829_1993379.html

DB11/T 657.2-2015 公共交通客运标志，第 2 部分：城市轨道交通天安门、北京副中心用龙牌涂料分获技术革新一、二等奖 . https://news.chinabm.cn/2019/0201643372.shtml

OpenStreetMap. https://www.openstreetmap.org/

平城京遗址公园 . https://www.heijo-park.go.jp/about/heijokyo/

奥运场馆为何选址北城？ http://2008.sohu.com/20060916/n245376950.shtml

中轴线，从亚运到奥运的心理轴线 . http://news.sohu.com/20071201/n253738556.shtml

丰台区南苑森林湿地周边将建 20 余公园 .

http://www.beijing.gov.cn/ywdt/zwzt/sjzzcts/zxjz/202001/t20200108_1836187.html

维基百科：

https://commons.wikimedia.org/wiki/File:Ministry_of_Public_Security_of_the_People%27s_Republic_of_China.jpg

https://commons.wikimedia.org/wiki/File:Beijing_Shejitan_2.jpg

https://commons.wikimedia.org/wiki/File:Zhongnanhai-west-wall-3436.jpg

https://commons.wikimedia.org/wiki/File:%E5%A4%AA%E5%BA%99%E5%A4%A7%E6%AE%BF_-_panoramio.jpg

https://commons.wikimedia.org/wiki/File:%E6%96%87%E5%8D%8E%E6%AE%BF2.JPG

https://commons.wikimedia.org/wiki/File:Zhongshan_Music_Hall_pic_1.jpg

https://commons.wikimedia.org/wiki/File:Xiancantan.jpg

四 其他

乾隆京城全图 . 17 排 . 兴亚院华北连络部编 . 1940

作者简介

帝都绘工作室是一个年轻的根植于北京的设计创意团队，致力于关于城市的研究、设计和公众传播。工作室的项目涵盖信息可视化设计、城市研究、空间设计、绘本制作及城市科普教育等多个领域。帝都绘希望通过信息设计探究并解释城市与建筑，从而让更多人认识并理解自己生活的地方。

参与本书设计、绘制的全体团队成员：
宋壮壮、李明扬、张琎、吴心然、卓嘉琪、魏喆轩、姚渊、李笑涵、周宇恒、王竹馨、张博浩。

帝都绘

公众号：diduhuiBJ
扫描二维码
可观看我们的更多作品

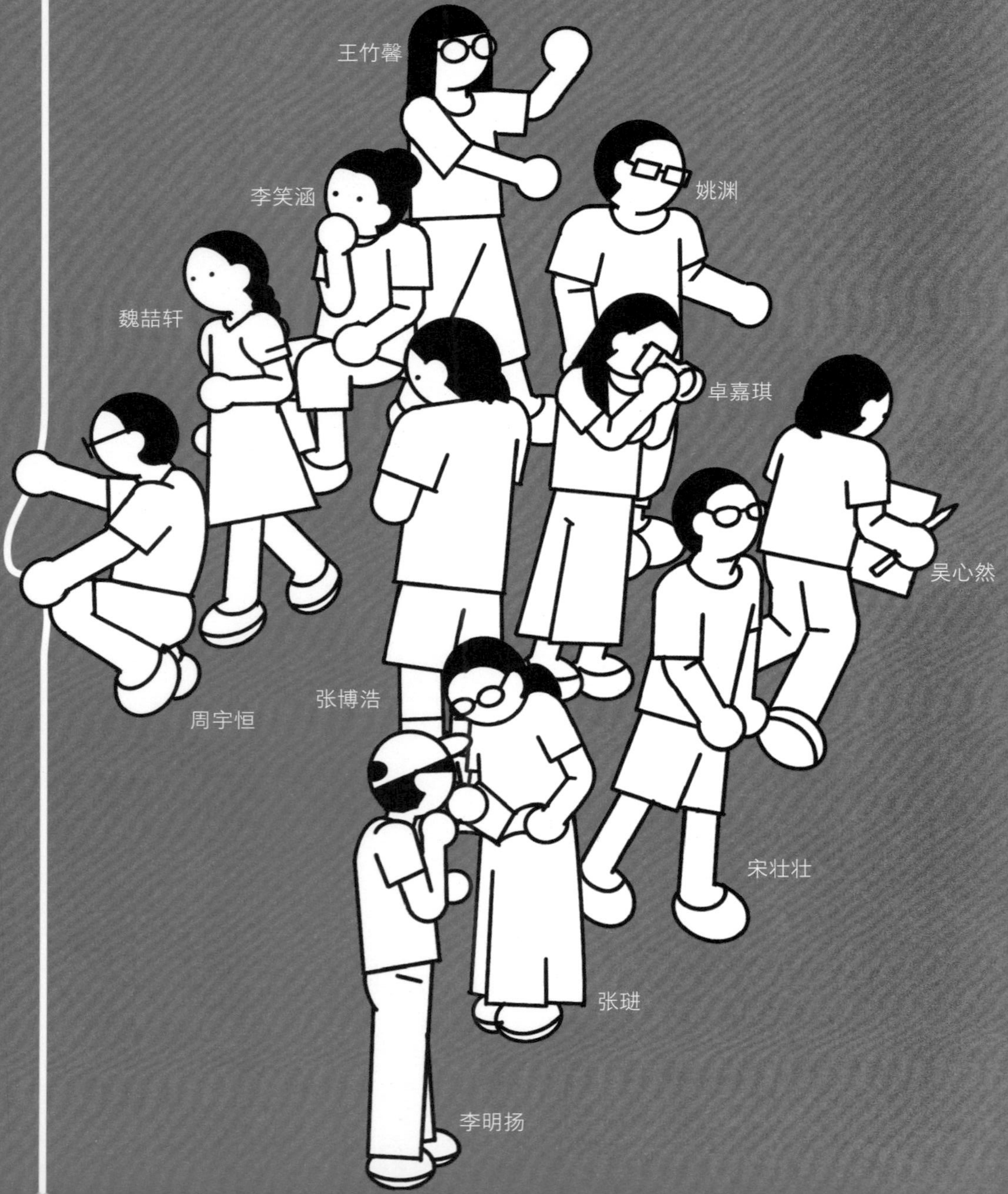

图书在版编目（CIP）数据

中轴线 / 帝都绘工作室著. — 北京：北京联合出版公司, 2021.5（2021.10重印）

ISBN 978-7-5596-4630-9

Ⅰ. ①中… Ⅱ. ①帝… Ⅲ. ①建筑物 – 介绍 – 北京 Ⅳ. ①TU-862

中国版本图书馆CIP数据核字（2020）第198093号

中轴线

作　　者：帝都绘工作室
出 品 人：赵红仕
策　　划：北京地理全景知识产权管理有限责任公司
策划编辑：乔　琦
责任编辑：徐　樟
特约编辑：邢晓琳
营销编辑：王思宇
特约印制：焦文献
封面设计：何　睦
制　　版：北京美光设计制版有限公司

北京联合出版公司出版
（北京市西城区德外大街83号楼9层 100088）
北京联合天畅文化传播公司发行
北京华联印刷有限公司印刷 新华书店经销
字数：50千字 889毫米×1194毫米 1/16 印张：6.75
2021年5月第1版 2021年10月第2次印刷
ISBN 978-7-5596-4630-9
定价：138.00元

未经许可，不得以任何方式复制或抄袭本书部分或全部内容
版权所有　侵权必究
本书若有质量问题，请与本公司图书销售中心联系调换。电话：010-82841164　64258472-800